职业教育改革与创新系列教材

塑料模具制造项目教程

主　编　张景黎
副主编　吕春燕
参　编　刘向阳　张冬颖　席少文

机械工业出版社

本书按企业模具制造流程介绍了4套模具制造生产过程，内容包括制造塑料直尺模具，制造塑料导光柱模具，制造塑料齿轮模具，制造塑料接线柱模具。本书是模具企业生产一线的工程技术人员与职业教育一线的教师共同编写完成的，具有很强的实用性。为便于学习，本书部分内容同时提供了二维码链接的在线动画视频。

本书可作为职业院校模具设计与制造专业教材，也可作为从事塑料模具制作企业的技术人员培训用书。

图书在版编目（CIP）数据

塑料模具制造项目教程/张景黎主编．—北京：机械工业出版社，2014.1（2023.8重印）

职业教育改革与创新系列教材

ISBN 978-7-111-44778-8

Ⅰ.①塑…　Ⅱ.①张…　Ⅲ.①塑料模具-制模工艺-高等职业教育-教材　Ⅳ.①TQ320.5

中国版本图书馆CIP数据核字（2013）第272323号

机械工业出版社（北京市百万庄大街22号　邮政编码100037）

策划编辑：齐志刚　责任编辑：张云鹏　张丹丹　版式设计：赵颖喆

责任校对：刘怡丹　封面设计：鞠　杨　责任印制：常天培

固安县铭成印刷有限公司印刷

2023年8月第1版第4次印刷

184mm×260mm・8.25印张・186千字

标准书号：ISBN 978-7-111-44778-8

定价：28.00元

电话服务　　　　　　　　　　网络服务

客服电话：010-88361066　　机　工　官　网：www.cmpbook.com

　　　　　010-88379833　　机　工　官　博：weibo.com/cmp1952

　　　　　010-68326294　　金　书　网：www.golden-book.com

封底无防伪标均为盗版　　机工教育服务网：www.cmpedu.com

前言

本书的编写打破了传统教材的编写模式，按照企业实际生产过程，即“识读模具图样→模具生产制造→制品注射成型”的生产过程编写。本书的内容设计是以模具工岗位技能要求为主线，结合职业院校的教学特点，采用理实一体的教学模式，依照企业模具岗位的实际生产流程，选取企业实际生产的产品作为项目，让学生“做中学，学中做”，以达到教学做合一，理论与实践合一的目的，避免理论与实践脱节，学生学习理论时毫无兴趣等现象。本书以项目引领工作任务，以工作任务引领专业内容，突出了职业实践。同时，本书从操作技能、专业知识和职业素养三个方面，组织了课程内容，拓宽了学生的职业能力。本书具有以下特点：

1. 各个项目均来自生产实际，每个项目通过真实的案例教学，以不同种工艺完成一系列的任务，并且在任务中使学生学会解决问题的方法。

2. 每个项目都有明确的工作任务，每个任务都是围绕能力目标开展课堂教学；按企业的生产流程完成项目中各项任务，起到了教学内容与岗位技能有机的融合；适合采用发掘式教学，提高学生的学习积极性、创造性和成就感。

3. 理论知识为完成工作任务服务，充分体现能力本位，避免学科体系，大大提高学生的学习积极性、创造性和成就感，适应专业培养目标和学生的认知规律。

4. 本书中所有项目用到的工艺装备均与企业同步，既实用，又能缩短学与用距离。

5. 通过真实案例进行能力训练，评价结果具有权威性，更加适应企业对人才需求的标准。

6. 利用移动互联网络技术建设新形态的立体化教材，通过扫描二维码可观看相关动画视频。

本书由北京电子科技职业学院张景黎任主编，北京莱比德塑料模具精密有限公司吕春燕工程师任副主编，并完成图样设计与制造工艺的编写。此外，参与编写的还有北京电子科技职业学院刘向阳、张冬颖和席少文。

本课程建议学时为 80～100 学时，具体分配如下。

项目 \ 学时	总学时		
	理论	实训	合计
项目 1	10(12)	12(14)	22(26)
项目 2	10(12)	10(14)	20(26)

（续）

项目 \ 学时	总　学　时		
	理　　论	实　　训	合　　计
项目 3	10(12)	10(14)	20(26)
项目 4	8(10)	10(12)	18(22)
总　计	38(46)	42(54)	80(100)

由于技术发展日新月异，加上编者水平有限，书中难免存在错误及不当之处，敬请广大读者批评指正。

编　者

目录

注：本书所有二维码视频资源均免费提供，建议在Wifi环境下访问。

注：本书所有二维码视频资源均免费提供，建议在Wifi环境下访问。

项目1 制造塑料直尺模具

【学习目标】

1. 掌握塑料直尺模具的制造工艺。
2. 了解模具设计与制造的基础步骤。
3. 掌握塑料注射模具的试模工艺。
4. 学会塑料直尺模具的结构设计。
5. 能够完成直尺模具装配图的绘制。

1.1 项目任务

1.1.1 任务单

1）绘制塑料直尺的三维和二维制品图样（图1-1、图1-2）。

2）识读塑料直尺模具装配图，初步掌握塑料注射模具结构的组成。

3）拆画塑料直尺模具零件图，编写零件加工工艺卡。

4）掌握塑料直尺所选用的材料性能，进而了解塑料材料的性能。

5）完成塑料直尺注射模具试模过程，掌握注射成型工艺。

1.1.2 塑料直尺制品图的结构识读

1. 塑料直尺制品图

2. 塑件直尺的结构分析及材料的选择

（1）塑件制件表面质量分析　此产品为透明制件，要求外表面美观，无缩孔、熔接痕等缺陷，表面粗糙度为$Ra18\mu m$。产品厚为2mm，厚度基本均匀。综上分析可以看出，此产品在合理的注射工艺参数控制下具有较好的成型性。

（2）塑料直尺材料的选择　塑料直尺材料的选择应根据产品的类型、使用环境及成本等诸因素来确定。对于本实例中的产品，聚甲基丙烯酸甲酯（PMMA）和聚苯乙烯（PS）均能够满足其使用要求。

图 1-1　塑料直尺三维图

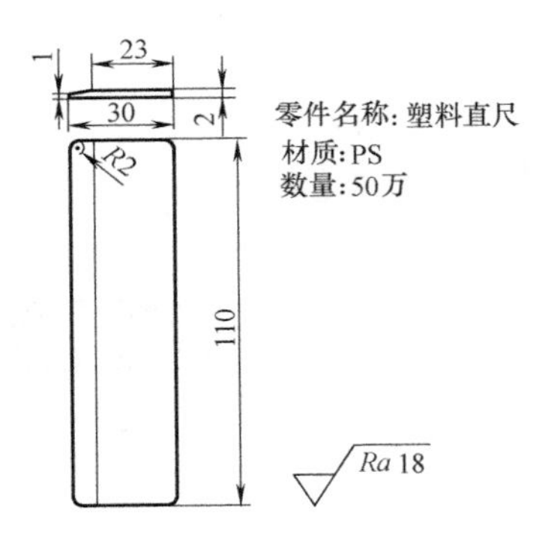

图 1-2　塑料直尺二维图

聚甲基丙烯酸甲酯又称有机玻璃（PMMA），是无色透明颗粒料，密度为 1.18 g/cm³，具有高透明洁净性和优异的透光性。聚甲基丙烯酸甲酯广泛应用于油标、油杯、光学镜片、透镜、汽车及摩托车安全玻璃、车灯、仪表罩、工艺美术用品、日用消费品及文教用品等。

聚苯乙烯（PS）为无色透明的玻璃状颗粒料，成型流动性好、吸水率低，制件掷地时有金属般的响声。聚苯乙烯的密度为 1.04 ~ 1.065g/cm³，透明度达 88% ~ 92%，使用温度通常为 -60 ~ 80℃。

聚苯乙烯广泛应用于制作电视机、录音机、仪表壳体、高频电容器等电气用品；灯罩、包装容器、光学仪器及公共建筑中的透明部件；梳子、透明盒、牙刷柄、圆珠笔杆、学习用具、儿童玩具等。

聚苯乙烯与聚甲基丙烯酸甲酯比较，聚甲基丙烯酸甲酯价格更贵，而聚苯乙烯的价格为聚甲基丙烯酸甲酯价格的三分之一。根据材料价格、性能及零件的使用要求，塑料直尺的材料确定为聚苯乙烯，即 PS 。

1.2　项目分析

1.2.1　塑料直尺注射模具结构的识读

1. 模具结构图（图 1-3、图 1-4）

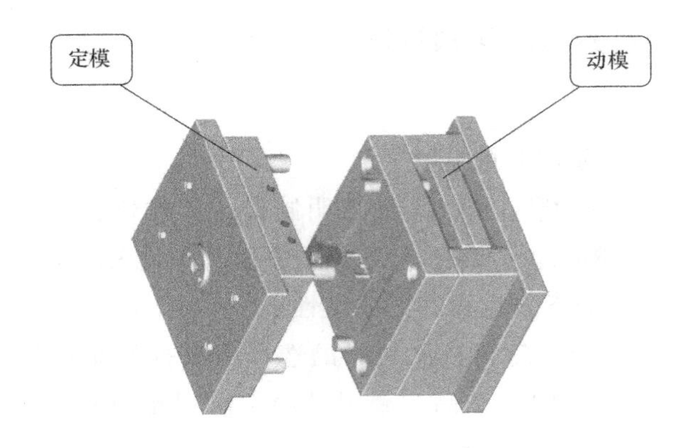

图 1-3　塑料直尺模具三维结构图

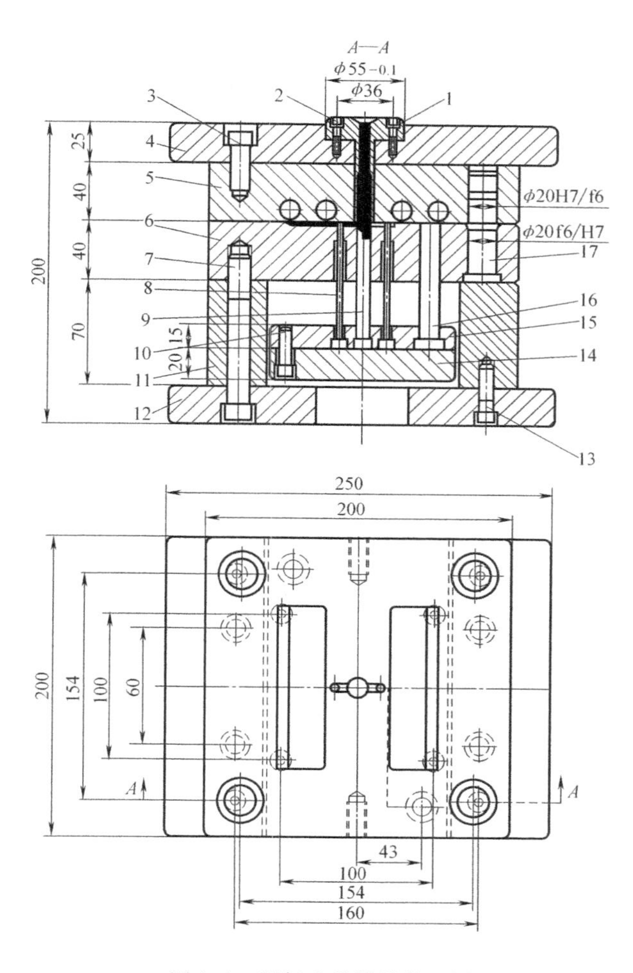

图 1-4 塑料直尺模具装配图

1—浇口套 2、3、7、10、13—螺钉 4—定模座板 5—定模 6—型腔板 8—顶杆 9—Z 形勾料杆 11—角铁 12—动模座板 14—顶板 15—顶杆固定板 16—复位杆 17—导柱

2. 塑料直尺注射模具结构的基础知识

（1）塑料注射模具结构的组成 塑料注射模具分为定模和动模两大部分（图 1-5）。定模部分安装在注射机的固定模板上，动模部分安装在注射机的移动模板上。

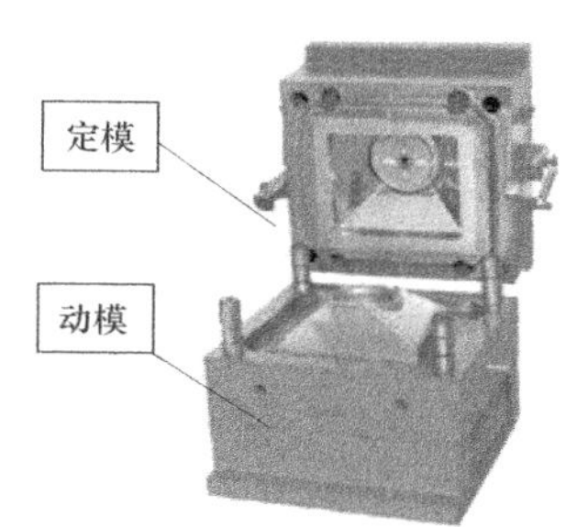

图 1-5 塑料直尺开模图

塑料注射模具的结构组成见表 1-1。

（2）塑料注射模具结构的分类

1）单分型面注射模具。模具主流道设置在凹模上，分流道和浇口设置在分型面上。开模后，制件连同流道凝料一起留在动模一侧。在模具的动模方向，设有推出机构，用以推出制件及流道凝料（图 1-6）。

表 1-1　塑料注射模具的结构组成

名称	作　用	组　成
成型系统	构成成型塑件的型腔	由凸模、凹模、小型芯或成型杆、镶块等组成
浇注系统	将塑料由注射机喷嘴引向型腔的通道	主流道、分流道、浇口、冷料穴
导向系统	保证动、定模准确的复位	导柱、导套
顶出系统	将塑件从模具中顶出	由顶杆,顶管,顶板,上、下顶出板等组成
冷却系统	根据注射工艺要求对模具温度进行调节	冷却水道、水嘴等组成
排气系统	将型腔内原有的空气及成型过程中所产生的气体排出	排气槽、配合间隙
侧向分型系统	抽出侧向型芯	由驱动装置、斜滑块、定位装置、锁紧装置等组成
支承零件	用以安装、固定、支承成型零件及结构零件	由模脚、垫板等零件组成

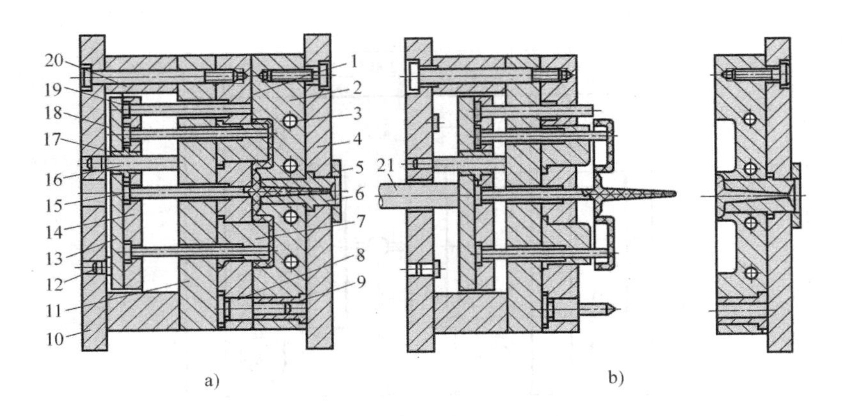

图 1-6　单分型面塑料注射模具

1—螺钉　2—凹模　3—冷却水道　4—定模座板　5—定位圈　6—浇口套　7—动模型芯　8—型芯　9—导套　10—动模座板　11—支承板　12—支承柱　13—推板　14—推杆固定板　15—拉料杆　16—推板导柱　17—推板导套　18—推杆　19—复位杆　20—垫块　21—注射机顶杆

结构特点：导柱、导套导向，以保证动、定模相互位置，采用顶杆顶出，浇口形式为直浇口，凸、凹模为整体结构，一模一件。模具结构简单，成型塑件适应性强。如图 1-7 为单分型面注射模具三维图。

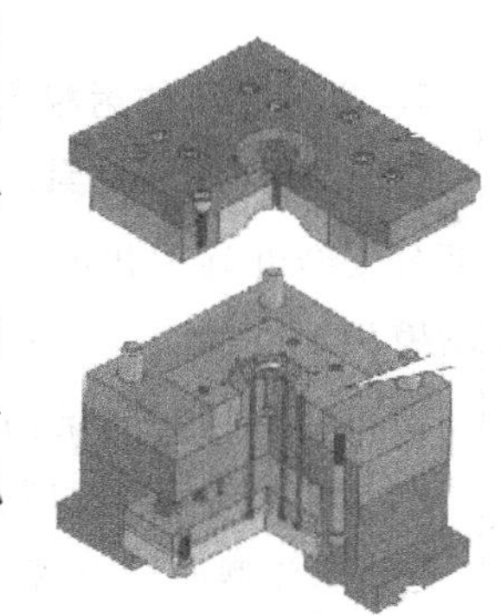

图 1-7　单分型面注射模具三维图

2）双分型面注射模具。结构特点：在单分型面模具基础上增加了进料流道，即增加了一次分型。采用点浇口，定距板限制第一次分型，便于取出两块板之间的浇口凝料，推件板在注射机推出机构的作用下将制件推出（图 1-8）。

3）侧向分型面注射模具。结构特点：当制件有侧孔或侧凹时，模具采用斜导柱或斜滑块等侧向分型抽芯机构。在开模的时候，利用开模力带动侧型芯作横向运动，使其与制件脱离（图 1-9）。

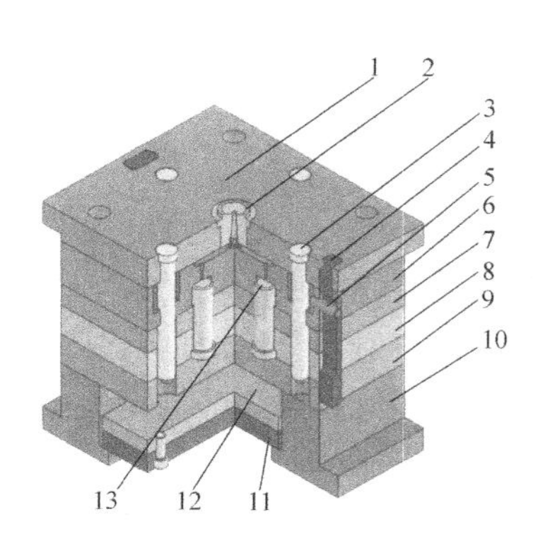

图 1-8 双分型面注射模具三维图

1—定模座板 2—浇口套 3—导柱 4—定距板 5—限位钉 6—定模板 7—推件板 8—固定板 9—动模座板 10—垫脚 11—推杆底板 12—推杆固定板 13—型芯

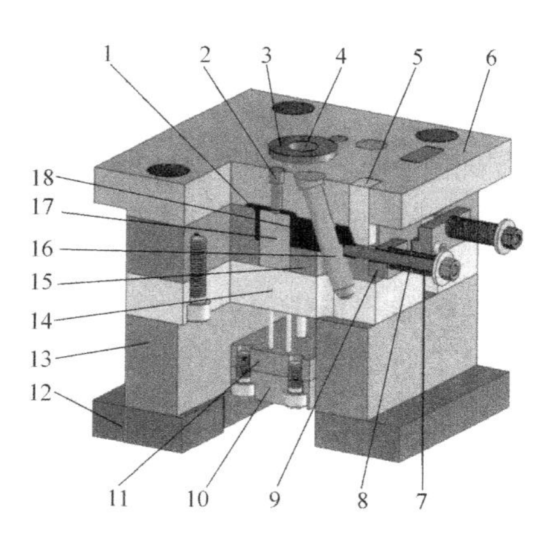

图 1-9 侧向分型面注射模三维图

1—制件 2—定模型芯 3—定位圈 4—浇口套 5—锁紧块 6—定模板 7—弹簧 8—双头螺杆 9—限位块 10—推杆底板 11—推杆固定板 12—动模座板 13—垫块 14—动模底板 15—动模板 16—斜导柱 17—动模型芯 18—滑块

3. 塑料直尺模具结构方案的确定（表 1-2）

表 1-2 塑料直尺模具结构方案的确定

名称	组成
成型系统	整体式凸模、凹模成型(零件 5,6)
浇注系统	浇口套、侧浇口、一模成型两件(零件 1)
导向系统	导柱、导套(零件 17)
顶出系统	顶杆推出、复位杆复位(零件 8、9、14、15)
冷却系统	采用直通式冷却水道
排气系统	排气槽、配合间隙
侧分型系统	无
支承零件	固定模具的模板(零件 4、11、12)

1.2.2 塑料直尺下料单（表 1-3）

表 1-3 塑料直尺模具下料单

零件名称	材料	数量	尺寸	备注
浇口套	45	1	ϕ55mm × 65mm	购标准件
定模座板	45	1	250mm × 200mm × 25mm	调质
定模板	45	1	200mm × 200mm × 40mm	调质
型腔板	PA20	1	200mm × 200mm × 40mm	淬火
顶杆	T10A	4	ϕ4mm × 83mm	购标准件
Z 形勾料杆	45	1	ϕ6mm × 78.5mm	购标准件
支脚	45	2	200mm × 70mm × 83mm	调质
动模座板	45	1	250mm × 200mm × 25mm	调质
顶杆垫板	45	1	200mm × 120mm × 20mm	调质
顶杆固定板	45	1	200mm × 120mm × 15mm	调质
复位杆	45	4	ϕ12mm × 85mm	购标准件
导柱	T10A	4	ϕ20mm × 75mm	购标准件

1.3 项目实施

1.3.1 概述

注射模的结构与塑料种类、制品的结构形状、制品的产量、注射工艺条件、注射机的种类等多项因素有关，因此其结构可以有多种变化。无论各种注射模结构之间有多大差异，在基本结构组成方面都有许多共同的特点。如图 1-4 所示，模具组成零件分为两大类，即成型零件和结构零件。

（1）成型零件　成型零件是与塑料制品接触，并构成型腔的零件，它们决定着塑料制品的几何形状和尺寸。例如，凸模（型芯）决定制件的内形，而凹模（型腔）决定制件的外形。塑料直尺模具中的零件 5 和零件 6 为直尺的成型部分。

（2）结构零件　除成型零件以外的模具零件统称为结构零件。这些零件具有支承、导向、排气、制品顶出、侧抽芯、侧分型、温度调节、引导塑料熔体向型腔流动等功能。

1. 模架在注射模具中的作用

模架是安装或支承成型零件和其他结构零件的基础，同时还要保证定、动模上有关零件的准确对合，并避免模具零件间的干涉。当前，模具设计与制造正在向规范化和标准化的方向高速发展。随着系列化生产的模具标准件的日益推广，越来越多的模具加工企业开始使用标准零部件。充分利用标准模架及其他标准零件，能够简化模具的设计与制造过程，提高模具零件的质量稳定性，达到缩短模具制造周期和降低模具成本的目的。

（1）标准模架的国家标准　在不同国家和地区，标准模架在品种、名称和代号上存在一定差别，但基本结构和尺寸规格大体相同。目前，在国内常见的有香港龙记标准、日本 FUTABA 标准、美国 DME 标准和德国 HASCO 标准等，这些标准与我国的国家标准基本上是一致的。

1990 年，我国正式颁布了塑料注射模具国家标准。其中关于注射模具标准模架的包括 GB/T 12555.1—1990《塑料注射模大型模架　标准模架》、GB/T 12555.2—1990《塑料注射模大型模架 技术条件》及 GB/T 12556.1—1990《塑料注射模 中小型模架》、GB/T 12556.2—1990《塑料注射模中小型模架 技术条件》等。

2006 年，我国对塑料注射模具国家标准进行了重新修订。目前，正在执行的关于注射模具标准模架的国家标准包括 GB/T 12555—2006《塑料注射模模架》和 GB/T 12556—2006《塑料注射模模架技术条件》等。

1）中小型模架。中小型模架的周界尺寸小于 560mm × 900mm。根据结构特征，中小型模架可分为基本型和派生型两类。其中基本型的型号为 A1 ~ A4，如图 1-10 所示。

A1 型模架定模采用两块模板，动模采用一块模板，设置推杆推出机构，适用于单分型面注射成型模具。

A2 型模架定模和动模均采用两块模板，设置推杆推出机构，适用于直接浇口，包括采用斜导柱侧抽芯的注射成型模具。

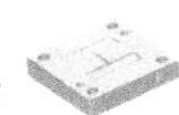

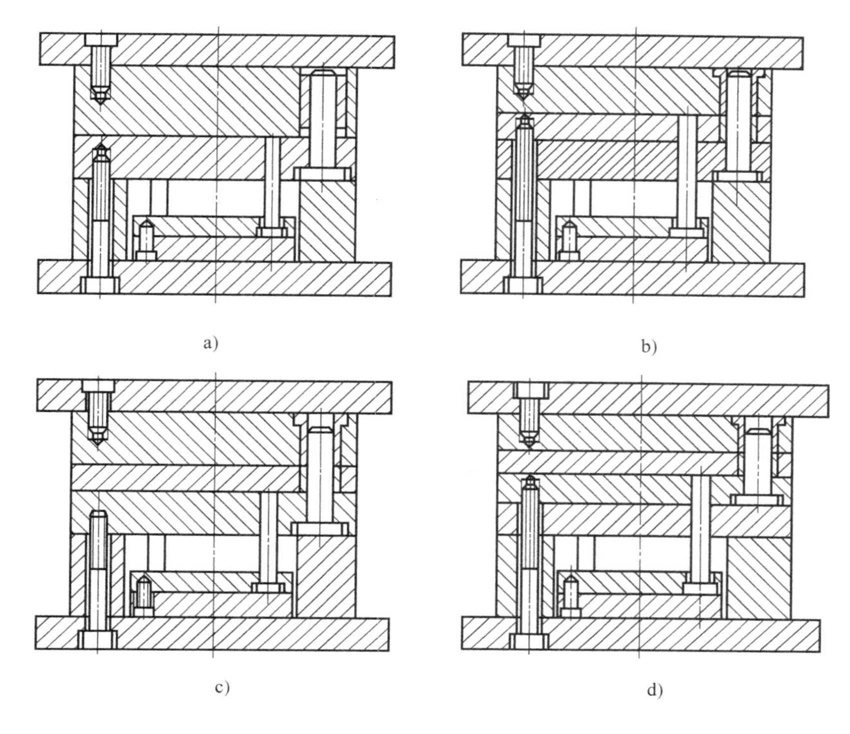

图 1-10 基本型模架结构 A1 ~ A4

a）A1 型 b）A2 型 c）A3 型 d）A4 型

A3 型模架定模采用两块模板，动模采用一块模板，设置推件板推出机构，适用于薄壁壳体类塑料制件的成型，以及脱模力大、制件表面不允许留有推出痕迹的注射成型模具。

A4 型模架定模和动模均采用两块模板，设置推件板推出机构，适用于动模带有小镶件或小型芯的薄壁壳体类塑料制件的成型以及脱模力大、制件表面不允许留有推出痕迹的注射成型模具。

2）大型模架。大型模架的周界尺寸为 630mm × 630mm ~ 1250mm × 2000mm，有 A、B 两种基本类型和 P1 ~ P4 四个派生型，无导柱安装方式的表示如图 1-11 所示。

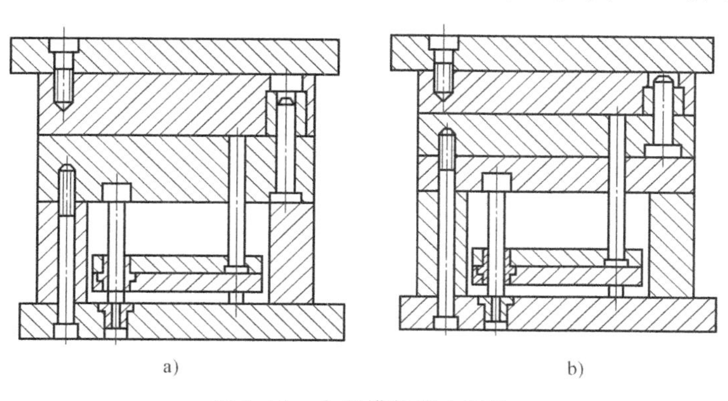

图 1-11 大型模架基本结构

a）A 型 b）B 型

A 型模架定模采用两块模板，动模采用一块模板，设置推杆推出机构。

B 型模架定模和动模均采用两块模板，设置推杆推出机构。

（2）标准模架的技术要求　模架组合后其安装基准面应保持平行，其平行度公差等级见表 1-4，导柱、导套和复位杆等零件装配后要运动灵活、无阻滞现象。模具主要分型面闭合时的贴合间隙值应符合下列要求：

Ⅰ级精度模架　　为 0.02mm；

Ⅱ级精度模架　　为 0.03mm；

Ⅲ级精度模架　　为 0.04mm。

表 1-4　中小型模架分级指标

<table>
<tr><th rowspan="3">序号</th><th rowspan="3">检 查 项 目</th><th rowspan="3" colspan="2">主参数/mm</th><th colspan="3">精度分级</th></tr>
<tr><th>Ⅰ</th><th>Ⅱ</th><th>Ⅲ</th></tr>
<tr><th colspan="3">公差等级</th></tr>
<tr><td rowspan="2">1</td><td rowspan="2">定模座板的上平面对动模座板的下平面的平行度</td><td rowspan="2">周界</td><td>≤400</td><td>5</td><td>6</td><td>7</td></tr>
<tr><td>400～900</td><td>6</td><td>7</td><td>8</td></tr>
<tr><td>2</td><td>模板导柱孔的垂直度</td><td>厚度</td><td>≤200</td><td>4</td><td>5</td><td>6</td></tr>
</table>

有关注射模模架组合后的详细技术要求，可参阅 GB/T 12555—2006《大型注射模模架》、GB/T 12556—2006《中小型注射模模架》。

2. 常用塑料模具材料

（1）常用塑料模具材料的分类及使用范围　模具材料及其热处理是影响塑料模具使用寿命的主要因素。常用塑料模具材料的分类及使用范围见表 1-5。

表 1-5　常用塑料模具材料的分类及使用范围

类别	国内牌号	国外牌号	用途
碳素结构钢	45、50、55、SM45、SM50、SM55	S45C、S50C、S55C	模架、模板
碳素工具钢	T8A、T10A	SK3、SK4	导柱、导套、推杆、复位杆、模板、座板
渗碳钢	20Cr、12CrNi2、20Cr2Ni4、20CrMnTi	P2、P3、P4、P5、P6、CH1、CH2、CH41、GSW-2341、GSW-2162	成型零件
预硬钢	3Cr2Mo、3Cr2MnNiMo、5CrNiMnMoVsCa	P20、718、PD55、SP3000、PX4、PX5、716、GSW-2311、LKM738	大、中型精密模具的成型零件
时效硬化钢	25CrNi3MoAl、18Ni(250)	P21、NAK55、NAK80	复杂、精密、高寿命模具的成型零件
整体淬硬钢	CrWMn、9CrWMn、Cr12MoV、4Cr5MoSiV1	A2、D3、P2、SKS31、GSW-2743、H13	批量生产的高寿命模具
耐蚀钢	40Cr13、14Cr17Ni2、7Cr18、Cr14Mo、0Cr16Ni4Cu3Nb(PCR)	M300、M310、S-316、716、420、GSW-2316	PVC、PA、POM 等材料的成型零件
镜面钢	10Ni3CuAlMoS（PMS）、25CrNi3MoAl	M238、NAK55、PX4、PX5、718、420、GSW-2738	透明制件的成型零件

（2）模具零部件材料的选用　在模具设计与制造过程中，合理选择和使用模具钢材并正确确定热处理工艺是十分重要的，这对于延长模具使用寿命、降低模具成本、提高制件质量有着非常重要的意义。

塑料模具常用材料及其热处理要求见表 1-6。

表 1-6 塑料模具常用材料及其热处理要求

零件类型	零件名称	零件材料	硬度(HRC)	说明
浇注系统零件	浇口套、拉料杆	T8A、T10A、45	50～55	耐磨性好，有时需要有耐蚀性
导向零件	导柱、导套、推板导柱、推板导套	20、45、T8A、T10A、Gr15	50～55	表面耐磨、有韧性、抗折弯、不易折断
模体零件	定模座板、支承板、垫块、推杆固定板、动模座板	Q235、45	—	有一定刚度和强度
	凹模、型芯固定板、模套、推件板、推板	45、40Cr	26～30	强度较高、耐磨性好，热处理变形小
抽芯零件	斜导柱、弯销、楔紧块、滑块	T8A、T10A、45	54～58	表面耐磨、强度高、韧性好
推出零件	推杆、推管	T8A、T10A、65Mn	54～58	强度高、耐磨性好，热处理变形小
	复位杆	T8A、T10A、45	43～48	
成型零件	凹模型腔、型芯、镶件、拼块、滑块	45、40Cr	26～30	用于产量不大、要求不高的场合
		T8A、T10A、CrWMn、Cr12、9Mn2V	46～52	用于小型芯、镶件、拼块等
		3Cr2Mo、3Cr2MnNiMo、5CrMnMo、25CrNi3MoAl、CrWMn、Cr12 MoV、65Mn、40Cr13、7Cr18、Cr14Mo、P20、718、PD55、716、SP3000、LKM738、PX4、PX5、GSW-2311、P21、SKS31、GSW-2743、H13	50～63	强度高、耐磨性好，用于形状复杂、要求高的型腔、型芯、镶件
		25CrNi3MoAl、M238、NAK55、PX4、PX5、420、718、GSW-2738	≤40	用于有镜面要求的塑料模具
其他零件	支柱、定距拉板	45	43～48	有一定强度和刚度
	定位圈	45	—	—

1.3.2 塑料直尺模具零部件的制造

1. 塑料直尺模架零件的加工

塑料直尺注射模架（图1-3、图1-4）由导柱、导套、顶杆等回转零件和模板等平板类零件组成。

模架中导柱、导套这两种零件在模具中起导向作用，并保证型芯与型腔（本模具中的动模镶件和动模镶件）在工作时具有正确的相对位置。为了保证良好的导向，导柱、导套装配后应保证模架的活动部分运动平稳，无滞阻现象。所以，在加工中除了保证导柱、导套配合表面的尺寸和形状精度外，还应保证导柱、导套各自配合面之间的同轴度等要求。

（1）导柱零件的加工

1）零件工艺性分析。

① 零件材料：T10A钢，退火状态时可加工性良好，在淬火前无特殊加工问题，故加工中不需采取特殊工艺措施。刀具材料选择范围较大，高速钢或YT硬质合金均可达到要求。刀具几何参数可根据不同刀具类型通过相关表格查取。

② 主要技术要求分析。导柱零件图 1-20 中 ϕ20f6、ϕ20m6 两外圆尺寸精度要求为 IT6，表面粗糙度要求 $Ra0.8\mu m$，它们是本零件中加工精度要求最高的部位，另外图中 ϕ20f6 和 ϕ20m6 两外圆要保证同轴，加工时需一次装夹完成加工。热处理淬火 + 低温回火，硬度为 50 ~ 55HRC。

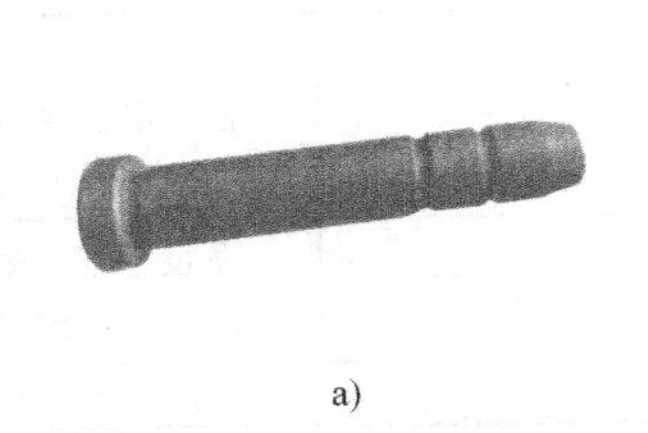

a)

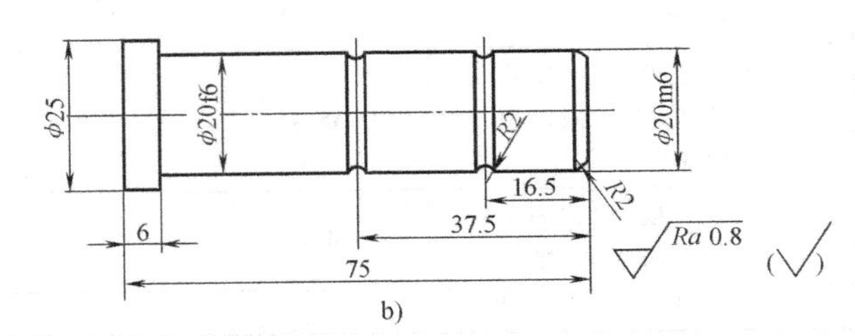

b)

图 1-12　导柱三维和二维零件图

a）导柱三维图　b）导柱二维图

2）零件制造工艺。

① 各表面加工路线确定　ϕ20f6、ϕ20m6 外圆：粗车—半精车—热处理（淬火 + 低温回火）—磨削。其余加工部位：粗车—半精车。

② 选择设备及工装。选择设备：车削采用普通卧式车床，磨削采用外圆磨床。

工装选择：零件粗加工、半精加工采用一顶一夹安装，精加工采用两顶尖安装。夹具主要有自定心卡盘和顶尖等。刀具有车刀、中心钻、硬质合金顶尖和砂轮等。量具选用有外径千分尺和游标卡尺等。

③ 导柱加工工艺方案（表 1-7）。

表 1-7　导柱加工工艺方案

工序号	工序名称	工序内容的要求	加工设备	工艺装备
1	备料	截取 ϕ30mm × 80mm 棒料，材料为 T10A、退火		
2	车削加工	①车端面，钻中心孔（基准）；调头车另一端面，钻中心孔（基准），保证长度尺寸 75mm； ②以中心孔定位车外圆各部位，ϕ20 外圆柱面留磨削余量 0.4 ~ 0.6mm，其余部位加工至尺寸	普通卧式车床	自定心卡盘、中心钻、外圆车刀等
3	检验	按工序过程尺寸要求进行检查		
4	热处理	淬火 + 低温回火，硬度 50 ~ 55HRC		
5	检验	检验硬度要求		
6	研中心孔	研修两端中心孔（基准）	卧式车床	砂轮
7	外圆磨削加工	磨 ϕ20f6、ϕ20m6 外圆柱表面达设计要求（两端中心孔定位）	外圆磨床	砂轮
8	平面磨削	导柱与动模板装配后同时磨削	平面磨床	砂轮
9	检验	按照图样要求检验		千分尺、游标卡尺

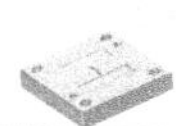

（2）定模板零件的加工（图1-13、图1-14）

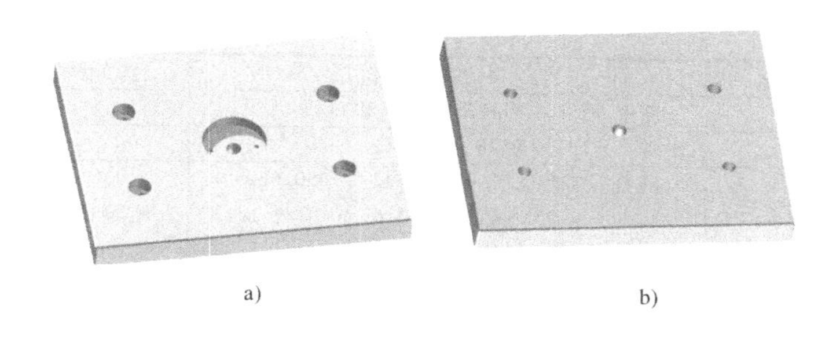

图1-13 塑料直尺定模板三维图
a）正面 b）反面

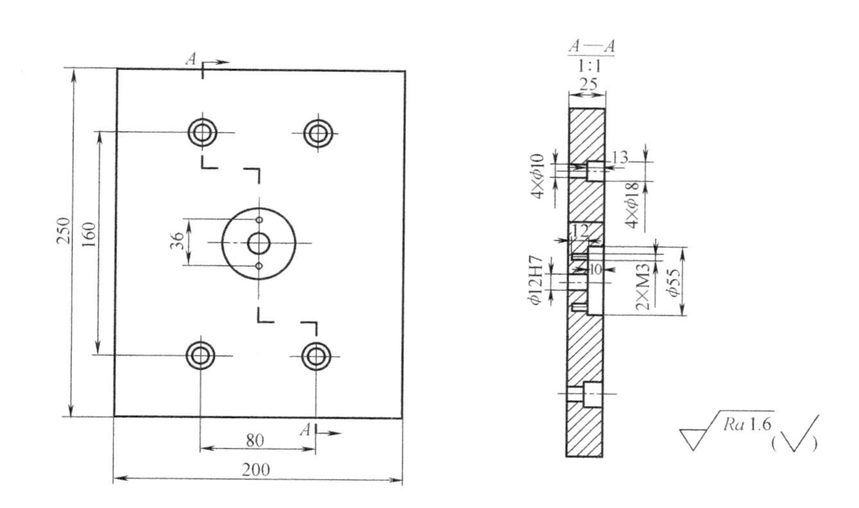

图1-14 塑料直尺定模板零件图

1）零件工艺性分析。

① 零件材料：45号钢调质，调质后其可加工性能良好，无特殊加工要求，加工中不需采取特殊的加工工艺措施。

② 主要技术要求分析：ϕ12H7孔尺寸精度要求IT7，表面粗糙度要求为Ra1.6μm，它们是零件中加工精度较高的部位，也是配合要求较高的部位。对加工精度要求较高的部位需采用磨削加工来完成，本零件虽有热处理调质要求28～32HRC，但硬度较低对加工方法的选择无影响。

2）零件制造工艺分析。

① 零件加工工艺路线ϕ12H7孔：钻—扩—精铰。ϕ10孔：钻—扩—铰（或铣削）。上下平面：铣削—磨削。其余部位的加工选择用铣削加工来完成。

② 选择设备、工装。设备：粗铣、半精铣铣平面采用普通立式铣床加工，通孔及阶梯孔采用数控铣床加工，上下平面精加工采用平面磨床加工。工装：压板、垫块和机用平口钳等。刀具：麻花钻、铰刀、平面铣刀、棒铣刀和砂轮等。量具：内径千分尺、游标卡尺等。

③ 定模板加工工艺方案（见表1-8）。

表1-8　定模板加工工艺方案

工序号	工序名称	工序内容的要求	加工设备	工艺装备
1	备料	备45钢，255mm×205mm×30mm		
2	热处理	调质处理，硬度28～32HRC		
3	铣削加工	粗铣、半精铣铣六面至尺寸250.6mm×200.6mm×25.6mm（留0.6mm后序加工余量）	普通铣床	平面铣刀、机用平口钳等
4	磨削	磨六面至尺寸250mm×200mm×25mm	平面磨床	砂轮
5	数控铣	中心钻钻引导孔，按图样要求钻—扩—铰ϕ12H7、4mm×ϕ10mm、4mm×ϕ18mm、2mm×ϕ3mm底孔	数控铣床	机用平口钳、各种钻头、ϕ12H7铰刀等
6	钳工	去除尖角毛刺		
7	检验	按图样要求检验		

（3）动模板零件的加工（图1-15、图1-16）

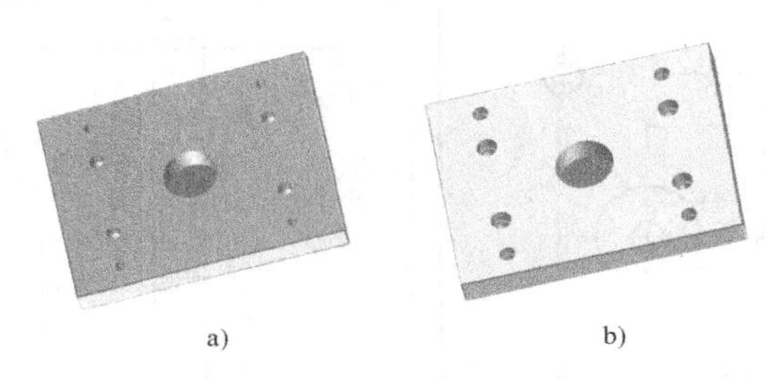

a)　　b)

图1-15　塑料直尺动模板三维图
a）正面　b）反面

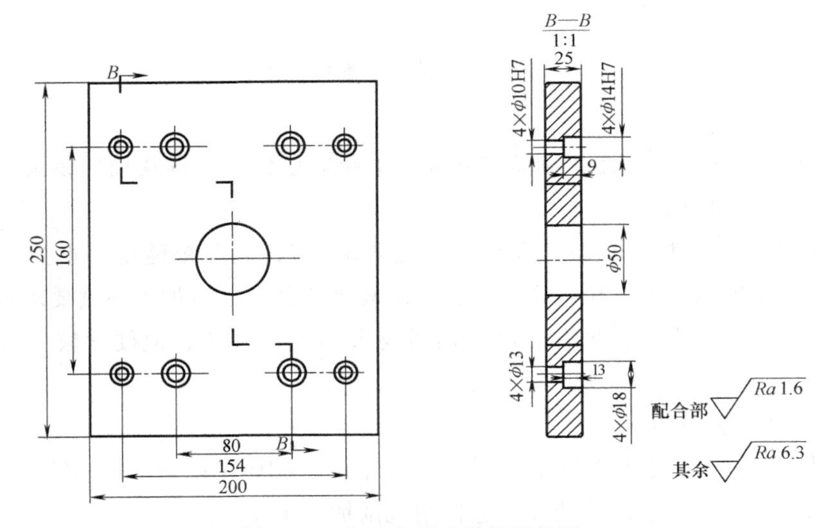

图1-16　塑料直尺动模板零件图

1）零件工艺性分析。

① 零件材料：45钢调质，调质后其可加工性能良好，无特殊加工要求，加工中不需采

取特殊的加工工艺措施。

② 主要技术要求分析 4×ϕ10H7 和 4×ϕ14H7 孔尺寸精度要求 IT7，表面粗糙度要求为 Ra1.6μm，零件加工中尺寸精度、表面粗糙度及位置精度要求较高的部位。在加工中对于精度要求较高的部位需采用数控铣（或加工中心）加工来完成。本零件虽有调质处理硬度要求 28～32HRC，但硬度较低对加工方法的选择无影响。

2）零件制造工艺分析。

① 零件加工工艺路线　上下平面：铣削—磨削 4×ϕ10H7 和 4×ϕ14H7 孔，钻—扩—铰，完成。

② 选择设备、工装　设备：粗铣、半精铣铣平面采用普通立式铣床加工，通孔及阶梯孔采用数控铣床加工，上下平面精加工采用平面磨床加工等。工装：压板、垫块和机用平口钳等。刀具：麻花钻、铰刀、平面铣刀、棒铣刀和砂轮等。量具：内径千分尺和游标卡尺等。

③ 动模板加工工艺方案（表 1-9）。

表 1-9　动模板加工工艺方案

工序号	工序名称	工序内容的要求	加工设备	工艺装备
1	备料	备 45 钢，尺寸 255mm×205mm×30mm		
2	热处理	调质处理，硬度 28～32HRC		
3	铣削	粗铣、半精铣六面至尺寸 250.6mm×200.6mm×25.6mm（留 0.6mm 后序加工余量）	普通铣床	平面铣刀、机用平口钳等
4	磨削	磨六面至尺寸 250mm×200mm×25mm	平面磨床	砂轮
5	数控铣	中心钻做引导孔，按图样要求钻—扩—铰 4×ϕ10H7 和 4×ϕ14H7 及镗 ϕ50 孔	数控铣床	机用平口钳、各种钻头、ϕ12H7 铰刀等
6	钳工	去除尖角飞边		
7	检验	按图样要求检验		

2. 塑料直尺凹模板零件的加工（图 1-17、图 1-18）

注射模具闭合时，成型零件构成了成型塑料制品的型腔。成型零件主要包括凹模、凸模、型芯、镶件、各种成型杆与成型环。成型零件结构依据制品的使用特点来确定，其尺寸精度通常要求并不是很高，而表面粗糙度（表面质量）要求相对来说都比较高，因此零件加工方法的选择主要是以减小表面粗糙度值为主要原则。位置精度只是对凸模（型芯）、凹模（型腔）之间的相对位置要求较高。当制品是一些典型简单结构（如圆形、方形、多边形等）时，其加工采用车削、数控铣削、磨削等即可满足加工精度要求；但当制品是一些非圆形复杂截面的结构时，其常采用电火花（不通孔）及线切割（通孔）的方法加工。

（1）零件工艺分析

1）零件材料：P20 模具钢，具有综合力学性能好，淬透性高，可使较大的截面获得较均匀的硬度，有很好的抛光性能，表面粗糙度值低，预先硬化处理，经机加工后可直接使用，必要时可做渗氮处理。

2）主要技术要求分析：型腔表面的表面粗糙度值 Ra0.8μm；配合部位（110h7×30h7）

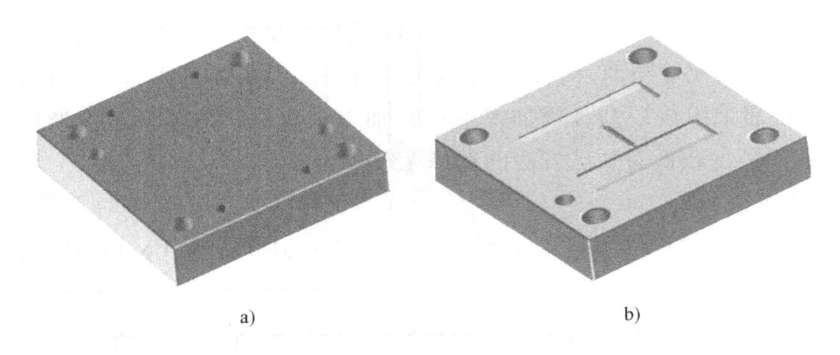

图 1-17　塑料直尺凹模板三维图

a）正面　b）反面

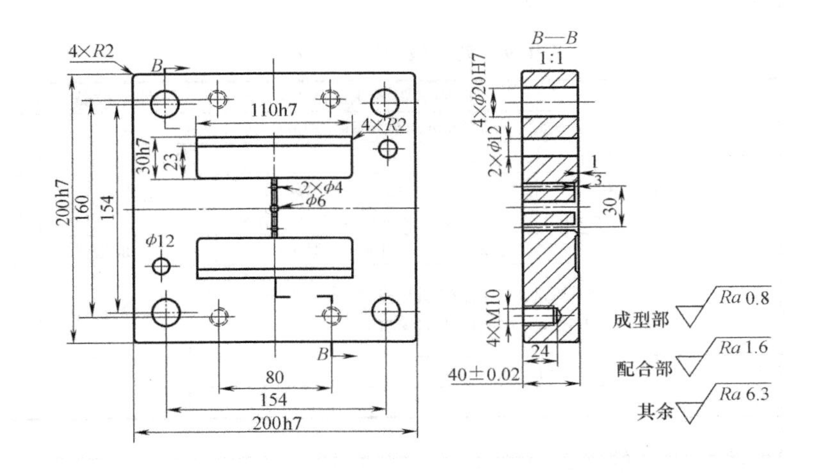

图 1-18　塑料直尺凹模板零件图

尺寸精度 IT7、表面粗糙度 $Ra0.8\mu m$。

（2）零件制造工艺分析

1）零件主要表面可能采用的加工方法：型腔部位尺寸精度 IT7，表面粗糙度 $Ra0.8\mu m$，应采用数控铣、研磨加工（或高速铣）即可；其板上各孔应采用钻—扩—精铰；外形尺寸为 200h7 ×200h7 ×（40 ±0.02）应采用粗铣—半精铣—磨。

其他表面终加工方法：结合表面加工及表面形状特点，其他各孔及曲面采用数控铣床加工完成。

2）选择设备、工装。设备：铣削采用立式铣床、磨削采用平面磨床、制件表面及孔系加工采用数控铣床。工装：零件粗加工、半精加工和精加工采用机用平口钳固定。刀具：中心钻、麻花钻、丝锥、铰刀、平面铣刀、球铣刀、棒铣刀和砂轮等。量具：内径千分尺、量规和游标卡尺等。

3）凹模板加工工艺方案（表 1-10）。

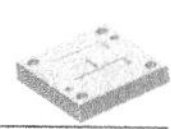

表 1-10 凹模板加工工艺方案

工序号	工序名称	工序内容的要求	加工设备	工艺装备
1	备料	按尺寸 205mm×205mm×45mm 备 P20 料		
2	铣削加工	铣削六面至 200.6mm×200.6mm×40.6mm（留 0.6mm 后序加工余量）	普通平面铣床	机用平口钳、平面铣刀
3	平磨	磨六面 200h7×200h7×(40±0.2)至尺寸、保证表面粗糙度要求	普通平面磨床	砂轮
4	数控铣加工	钻—扩—铰 ϕ20H7 孔及 ϕ12H7 至尺寸并保证位置度要求和表面粗糙度要求；铣流道至尺寸；铣型腔留后序研磨量；钻—扩螺纹底孔、加工 M10 螺孔	数控铣床	机用平口钳、各种钻头、ϕ20、ϕ12 铰刀、球头铣刀、立铣刀、M10 丝锥等
5	研磨	研磨型腔达表面粗糙度要求		研磨工具、研磨膏
6	检验	按图样要求进行检验		游标卡尺、内径千分尺等

1.3.3 塑料直尺模具的装配

模具装配就是根据模具的结构特点和技术条件，以一定的装配顺序和方法，将符合图样技术要求的零件，经协调加工（即组合加工）组装成满足使用要求的装配过程。因此，模具装配的质量直接影响制件的冲压质量，模具的使用、维修以及模具寿命。

1. 模具装配基础知识

（1）塑料注射模具装配的技术要求　模具精度是影响塑料成型件的重要因素之一。为了保证模具的精度，制造时应达到如下技术要求。

1）注射模具的所有零件在材料、加工精度和热处理质量等方面均应符合相应图样的要求。

2）模具的零件应达到规定的加工要求，装配成套的模架应活动自如，并达到规定的平行度和垂直度等要求。

① 上下平面对底板下平面的平行度误差为 0.05mm。

② 导柱、导套的轴线对模板的垂直度误差为 0.02mm。

③ 分型面闭合时的贴合间隙小于 0.03mm。

3）模具的功能必须达到设计要求。

① 抽芯滑块和推顶装置的动作要正常。

② 加热和温度调节部分能够正常工作。

③ 冷却水路畅通且无漏水现象。

4）为了检验模具成型件的质量，装配好的模具必须在生产条件下试模，并根据试模过程中出现的问题进行修整，直至试出合格的产品。

（2）模具常用的装配方法

1）配作装配法。配作装配法的特点是通过配作使各零件装配后的相对位置保持正确关系。因此，零件在加工时，只需对与装配有关的必要部位进行高精度加工，而孔位精度由钳工以配作来保证，即使没有坐标镗床等高精度加工设备，也能制造出高质量的模具。利用这种方法全靠钳工的技术水平和实践经验来保证模具装配精度，耗费工时较多，一般是缺少精加工设备的中小型工厂的传统装配工艺。

2）直接装配法。直接装配法是指模具所有零件的型孔、型面（包括安装螺孔、销孔），都是单件加工完毕。装配时，钳工只要把零件按装配图连接在一起即可。当装配后的位置精度较差时，通过修正零件来进行调整。这种装配方法简便迅捷，便于零件的互换，模具装配精度取决于零件的加工精度，不需要模具钳工有很高的装配技艺。为此，在加工模具零件时，要有先进的模具加工技术、高精度的加工设备和测量装置来保证零件的加工质量，才能实现模具的直接装配。如在模具制造中，使用各种先进的数控机床，引入各种各样的计算机系统，对模具零件进行高精度的加工和检测等。

上述两种模具装配方法，尽管直接装配法比配作装配法简便，但当装配最终精度要求较高、批量较少的模具时，在一定程度上还需依赖于配装工艺方法。特别是在一些加工条件较差的中小型工厂中，钳工配作装配还占有相当重要的地位。

2. 塑料注射模具总装配程序

1）确定装配基准。

2）装配前要对零件进行测量。合格零件必须去磁并将零件擦试干净。

3）调整各零件组合后的累积尺寸误差，如各模块的平行度要校验修磨，以保证模板组装密合；分型面处吻合面积不得小于80%，间隙不得超过溢料量极小值，以防止产生飞边。

4）装配中要尽量保持原加工尺寸的基准面，以便总装合模调整时检查。

5）组装导向系统，并保证开模、合模动作灵活，无松动和卡滞现象。

6）组装修整顶出系统，并调整好复位及顶出装置等。

7）组装修整型芯、镶件，保证配合面间隙达到要求。

8）组装冷却或加热系统，保证管路畅通，不漏水，不漏电，阀门动作灵活。

9）组装液压或气动系统，保证运行正常。

10）紧固所有连接螺钉，装配定位销。

11）试模。试模合格后打上模具标记，如模具编号、合模标记及组装基准面等。

12）最后检查各种配件、附件及起重吊环等零件，以保证模具装备齐全。

3. 塑料直尺注射模具装配过程

塑料直尺注射模具组装剖视图，如图1-19所示。

（1）定模部分的装配

1）模具装配要求。

① 装配时需要测量定模板型孔侧面的垂直度，因为定模板的型孔通常采用铣床加工。当型孔较深时，孔侧面会形成斜度；通过测量实际尺寸，可按固定板型孔的实际斜度加工修整定模配合段的斜度，以保证定模嵌入后的配合精度。

② 用螺钉紧固后，定模嵌入定模板后分型面的平行度误差不大于0.05:300。

③ 定模应高于定模板0.1~0.2mm，可将固定板放在平台上用百分表测出实际的平行度误差。

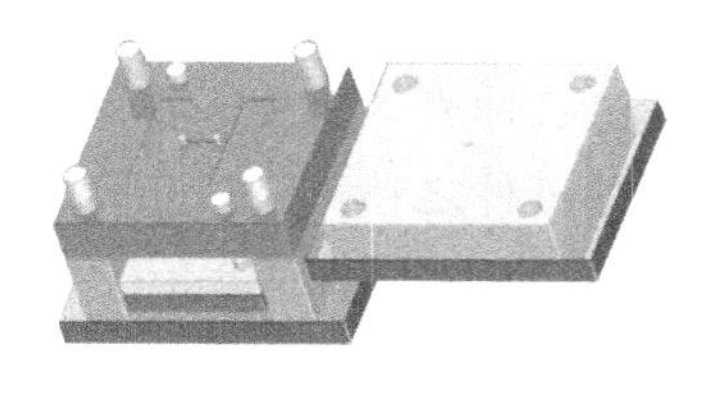

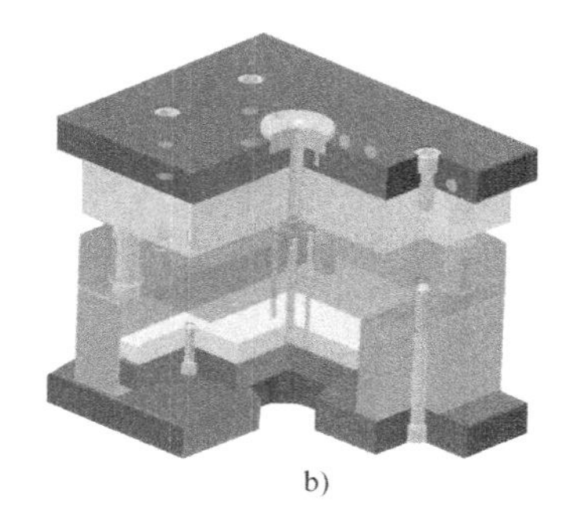

a)　　　　　　　　b)

图 1-19　塑料直尺注射模具组装三维图

a）模具动定模分开图　b）模具组装剖视图

2）模具装配步骤：定模组装剖视图，如图1-20所示。

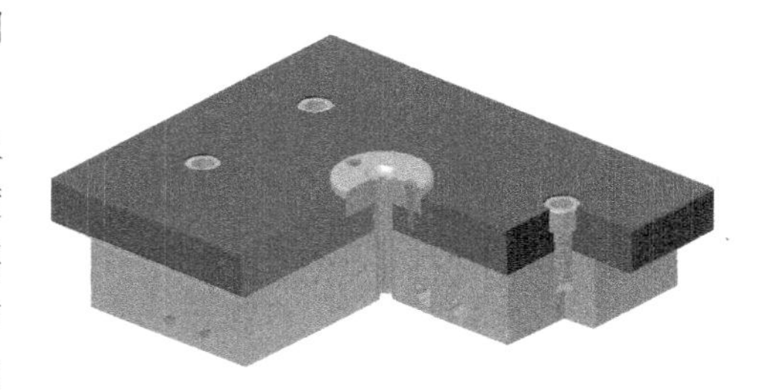

图 1-20　定模组装剖视图

① 测量定模开框与定模的实际尺寸，测量上模板台阶深度及定模板装配好定模型芯的总高度以确定浇口套的长度尺寸，浇口套的台肩尺寸要高出0.02mm，以便定位圈将其压紧；浇口套的下表面也需高出定模嵌件（定模型芯）0.02mm，以保证该表面总装时压紧密封，防止塑料的泄漏。

② 将浇口套嵌入定模型芯与定模板，保证H7/m6 的过渡配合。

③ 型腔板与定模板组装，保证其同轴度，用螺钉紧固。

（2）动模板部分的装配（图 1-21）

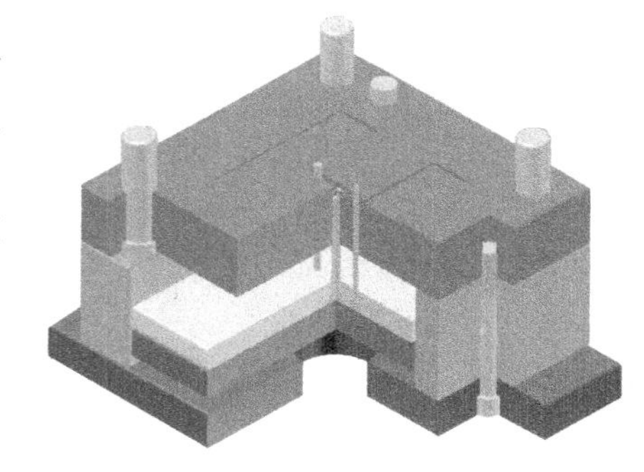

图 1-21　动模组装剖视图

1）顶杆的装配。测量顶杆孔的实际尺寸与顶杆的配合，一般采用 H8/f8 配合，防止间隙过大时溢料，间隙过小时拉伤。装配时将顶杆孔入口处倒角，以便顶杆顺利插入。检查测量顶杆尾部台阶厚度及推板固定板的沉孔深度，保证装配后留有 0.05mm 的间隙。否则应进行修整。将顶杆及复位杆装入顶杆固定板，用螺钉将推板和顶杆固定板紧固。检查及修磨顶杆及复位杆端面。模具闭合后，顶杆端面应高出型腔底面 0.05mm。复位杆端面应低于分型面 0.02 ~ 0.05mm。将台阶厚度尺寸一致的限位钉装于下模板，将顶出部分和动模部分组合装配。当顶出部分复位杆与限位钉接触时，如果顶杆端面低于型腔顶出部分的表面，则需调整限位钉尺寸（增加高度），如高出型腔顶出部分的表面则需降低钉的高度。

2）将组装好的顶出部分与动模部分组装，用螺钉紧固。

1.3.4　塑料直尺注射模具的安装与调试

1. 塑料注射成型设备基础知识

（1）塑料注射成型机的结构组成　塑料注射成型机是注射成型所采用的机械设备，也称注射机（图 1-22）。它是 19 世纪中期在金属压铸机原理的基础上逐渐形成的，最初主要用来加工纤维素硝酸酯和醋酸纤维素。1956 年诞生了世界上第一台往复螺杆式注射成型机。塑料注射成型广泛应用于汽车、船舶、电子、计算机、钟表、化工等领域，因此塑料注射成型机是塑料成型机械制造业中增长速度快、产量高的机种之一。

图 1-22　注射机外观

注射成型机的类型有很多，其中，应用广泛、具有代表性的是用于加工热塑性塑料的通用型塑料注射成型机。它有螺杆式和柱塞式两种，但以螺杆式为主。下面重点介绍螺杆式塑料注射成型机。

一台通用型塑料注射成型机主要包括注射装置、合模装置和液压传动与电气控制系统三部分（图 1-23、图 1-24）。

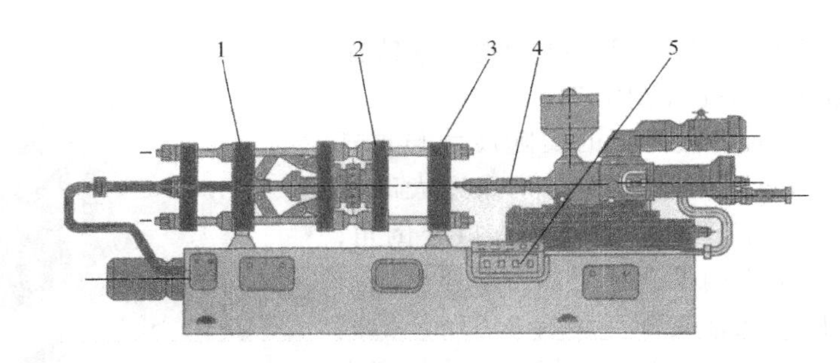

图 1-23　注射机的结构

1—锁模机构　2—动模座板　3—定模座板　4—注射装置　5—电气控制系统

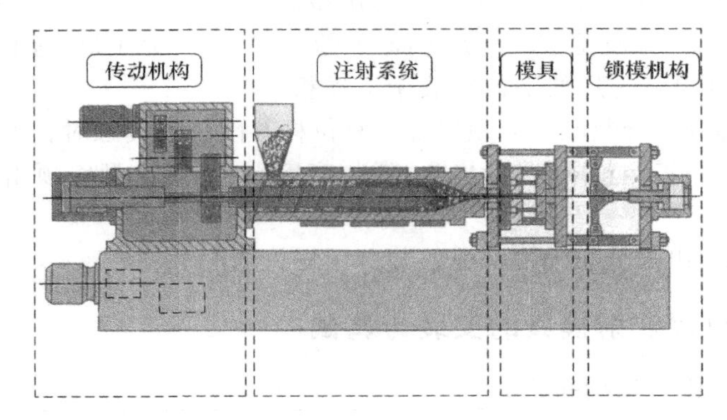

图 1-24　卧式注射机结构组成分解图

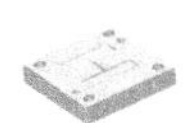

1）注射系统。注射系统是塑料注射机的心脏部分，其主要作用是保证定时、定量地使塑料均匀地塑化熔融，并以足够的压力和速度将一定量的熔料注入型具的型腔中，注射完毕还要有一段保压时间以向型腔内补充一部分因冷却而收缩的熔料，使制品密实并防止型腔内物料反流。因此，注射系统必须保证塑料均匀塑化，并有足够的注射压力和保压压力。它主要由塑化部件（螺杆、机筒、喷嘴等）、料斗、计量装置、传动装置、注射座和移动液压缸等组成。

2）锁模机构。锁模机构主要作用是实现模具的启闭动作，保证成型模具的可靠闭合，以及脱出制品。

3）液压传动和电气控制系统。液压传动和电气控制系统主要作用是保证塑料注射成型机按工艺过程预定的要求（压力、速度、温度、时间）和动作程序准确无误地进行工作。液压传动系统主要由各种液压元件和回路及其他附属装置等组成。电气控制系统主要由各种电气仪表、微型计算机控制系统等组成。液压传动和电气系统有机地组合在一起，给塑料注射成型机提供动力并实现控制。

注射成型的基本要求是塑化、注射和成型。塑化是实现和保证成型制品质量的前提，而为满足成型的要求，注射必须保证有足够的压力和速度。同时，由于注射压力很高，相应地在型腔中会产生很高的压力（型腔内的平均压力为20～45MPa），因此必须要有足够大的合模力。由此可见，注射装置和合模装置是塑料注射成型机的关键部件。

（2）注射成型原理　塑料注射成型机的工作原理与医用注射器的原理有些相似（图1-25），它是使热塑性塑料或热固性塑料先在加热机筒中均匀塑化，而后借助螺杆（或柱塞）的推力，将已塑化好的熔融状态（即黏流态）的塑料推挤到闭合模具的型腔内，经固化定型后取得制品的工艺过程。

图1-25　螺杆式注射成型原理

注射成型方法是一种注射兼模塑的成型方法，它是将聚合物组分的粉料或粒料，通过塑料注射成型机料斗，进入机筒内，通过机筒外部加热和螺杆旋转产生的剪切摩擦热，使物料经历了加热、输送、排气、压缩、混合、均化等作用而塑化（温度、组分均匀的熔融状态）。塑化的物料在喷嘴的阻挡下，积于机筒的前端，然后借助柱塞或螺杆向塑化好的物料轴向施压，塑料熔体经喷嘴和模具的浇注系统进入已闭合的模具中，再经保压、冷却定型可开启模具，顶出制品，得到与型腔几何尺寸及精度相似的塑料制品（图1-26）。

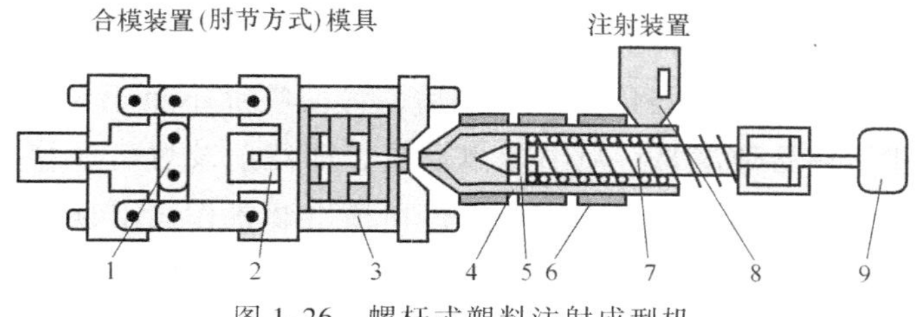

图1-26　螺杆式塑料注射成型机

1—直角接套　2—脱模机构　3—拉杆　4—气缸　5—止反流阀　6—加热器　7—螺杆　8—料斗　9—电动机

（3）注射成型循环过程分析　各种塑料注射成型机完成注射成型的动作程序可能不完全一致，但所要完成的工艺内容即基本工序是相同的。以螺杆式塑料注射成型机为例（图1-27）。

1）合模。塑料注射成型机的成型周期一般从模具开始闭合时起。模具首先以低压、快速进行闭合，当动模与定模快要接近时，合模机构的动力系统自动切换成低压（即试合模压力）、低速，在确认模内无异物存在且嵌件没有松动时，再切换成高压而将模具锁紧。

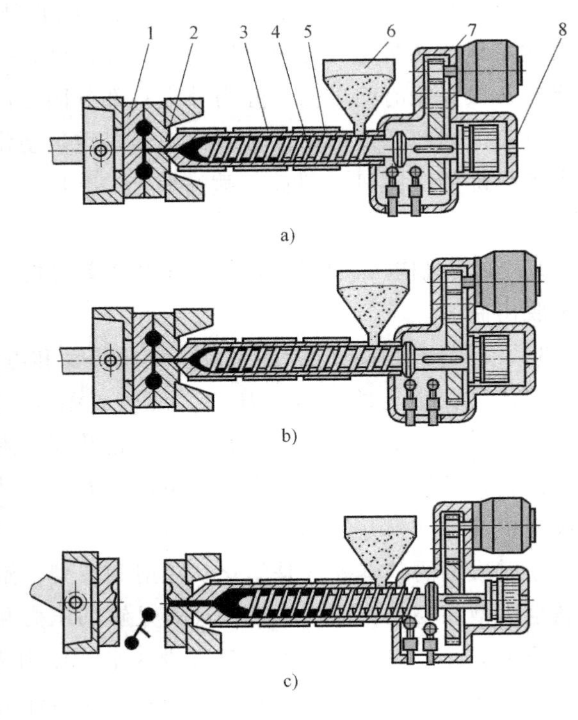

图1-27　塑料注射成型机注射循环过程
1—定模　2—动模　3—加热器　4—螺杆　5—料筒
6—料斗　7—传动装置　8—注射液压缸

2）注射及保压。在确认模具达到所要求的锁紧程度后，注射座前移，使喷嘴和模具流口贴合，继而向注射液压缸充入压力油，与液压缸活塞杆相接的螺杆则以要求的高压、高速将头部的熔料注入模具型腔中。此时螺杆头部作用于熔料上的压力即为注射压力（一次压力）。当熔料充满型腔后，螺杆仍对熔料保持一定的压力，以防型腔中的熔料反流，同时向型腔内补充因低温模具的冷却作用而使熔料收缩所需要的物料，从而保证制品的致密性、一定的尺寸精度及良好的力学性能。此时螺杆作用于熔料上的压力称为保压压力（二次压力），在保压时螺杆因补缩而有少量的前移。

3）冷却及预塑。当保压进行到型腔内的熔料失去从浇口回流的可能性时（即浇口凝封）即可卸压，制品在型腔内继续冷却定型。与此同时，螺杆在螺杆传动装置的驱动下转动，从料斗落入到料筒中的塑料随着螺杆的转动沿着螺杆向前输送。在这一输送过程中，物料被逐渐压实，在料筒外加热和螺杆摩擦热的作用下，物料逐渐熔融塑化最后呈黏流态，并建立起一定的压力。由于螺杆头部熔料压力的作用，使螺杆在转动的同时又发生后退，螺杆在塑化时的后移量即表示了螺杆头部作用下所积累的熔料体积。当螺杆回退到计量值时，螺杆即停止转动，准备下一次注射。制品冷却与螺杆塑化在时间上通常是重叠的，这是为了缩短成型周期。在一般情况下，要求螺杆塑化计量时间要少于制品冷却时间。

（4）开模及顶出制品　螺杆塑化计量结束后，为使喷嘴不至于长时间和冷的模具接触而形成冷料等，有些塑料品种需要将喷嘴撤离模具，即注射装置后退（根据物料可选择）。型腔内的制品经冷却定型后，合模机构即开模，在顶出装置作用下顶出制品（图1-27、图2-28）。

上述过程按时间先后顺序，可绘制成注射成型机工作过程循环图。

a)

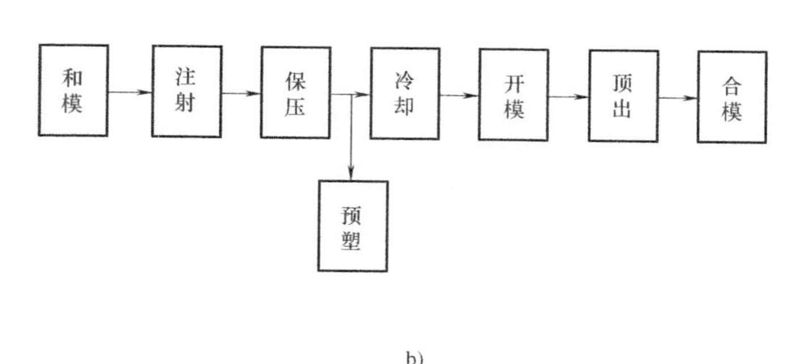

b)

图 1-28 塑料制品的顶出

2. 注射成型工艺参数的选择

为了使注射过程顺利进行并保证产品质量，在成型前有一系列准备工作：包括物料加工性能的检验（测定塑料的流动性、水分含量等），原料加工前的染色和选粒，粒料的预热和干燥等。

（1）塑料成型材料的准备

1）原料熔体指数的测定。熔体指数常用 MI 表示，通常作为热塑性塑料质量控制和成型工艺条件的参数。它是在规定温度和恒定载荷下，塑料熔体在一定时间通过标准毛细管的质量。

熔体指数是用以区别各种热塑性材料在熔融状态时的流动性。一般来说，熔体指数越大，它的流动性也越好，成型加工较容易，而力学性能相对较差。熔体指数用熔体指数测定仪来测定。

2）原料的预处理。根据塑料的特性和供料情况，一般在成型前应对原料的外观和工艺性能进行检测。如果所用的塑料为粉状（如聚氯乙烯），还应进行配料和干混；如果制品有着色要求，则可加入适量的着色剂或色母料；供应的粒料往往含有不同程度的水分、熔剂及其他易挥发的低分子物，特别是一些具有吸湿倾向的塑料含水量总是超过加工所允许的限度。因此，在加工前必须进行干燥处理，并测定含水量。在高温下对水敏感的聚碳酸酯的含水量要求在 0.2% 以下，甚至要达到 0.03% ~0.05%，因此常用真空干燥箱干燥。已经干燥的塑料必须妥善密封保存，以防塑料从空气中再吸湿而丧失干燥效果，为此采用干燥室料斗可连续地为注射机提供干燥的热料，对简化作业、保持清洁、提高质量、增加注射速率均有利。干燥料斗的装料量一般取注射机每小时用料量的 2.5 倍。

（2）热塑性塑料的注射工艺

1）工艺特性。塑料直尺注射模具所选用的制件材料为聚苯乙烯，英文缩写为 PS。

2）原料准备。PS 吸水率极低。在成型加工前，采用 70 ~ 80℃ 热风烘干，时间为 2 ~ 3h。

3）成型工艺。

① 注射温度。PS热稳定性较好，熔融温度范围宽，加工温度一般为180～215℃。若制件壁厚较厚，可使用稍低于下限的熔化温度。

② 注射压力。制件的注射压力需根据材料成型特性以及制件的复杂程度、浇口形式与位置及产品壁厚等因素综合考虑。在实际生产中，PS的注射压力一般取60～100MPa，背压为10～25MPa。

③ 成型周期。在PS的注射成型过程中，模具一般需要通入冷却水，所以制件的成型周期通常比较短，为20s。

④ 模具温度。在成型加工过程中，模具温度直接影响制件的外观及收缩率。为了取得良好的成型效果，在注射成型过程中，模具温度一般应控制在70～90℃范围内。

3. 注射成型模具的安装和调试

（1）塑料注射成型模具的安装

1）模具安装前的注意事项。

① 模具起吊前，安装并检查起吊螺栓。螺栓位置是否合适，粗细是否足够。

② 检查使用的注射成型机是否适合。喷嘴的半径和直径、定位圈的大小和连杆间距等。

③ 检查冷却水孔是否堵塞，可通空气试。

④ 用链滑车等试开模具，检查是否锈蚀（不要随便把手伸进模具）、检查紧固螺栓等是否拧紧。

⑤ 检查分型面有否损伤、咬住的情况。

2）注射成型机典模具安装步骤。

① 安装步骤。如图1-29所示。图1-29中①②③是开模的动作顺序。

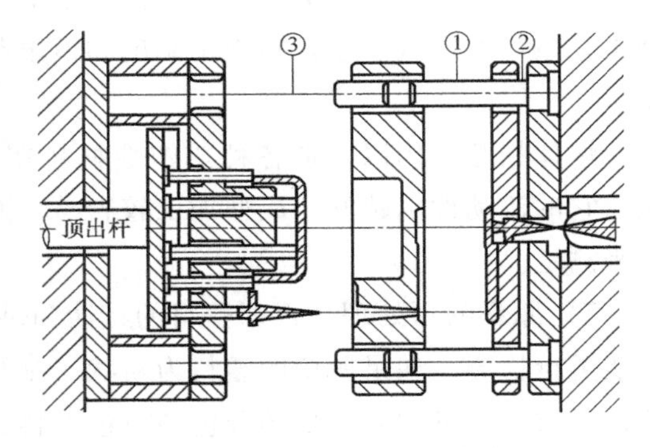

图1-29 注射成型模具安装步骤

② 注射机成型设备的安全检查。

检查紧急停止按钮动作是否正常。

检查安全门动作是否正常。

检查电气绝缘是否完好。

检查加热线圈有没有断线。

检查冷却水是否畅通。

检查操作液是否在使用期限内，其量是否充分。

检查操作液的温度是否正常。

检查有没有漏油。

检查电动机和泵等的声音是否正常。

检查电流表的指针摆动是否正常。

检查加热圈的温度控制是否正常。

检查有没有因相擦而发出声响的地方。

检查有没有过热的部件（特别是电气部件）。

检查有没有误动作（试一下各个开关）。

3）模具安装的常用工具（图1-30）。

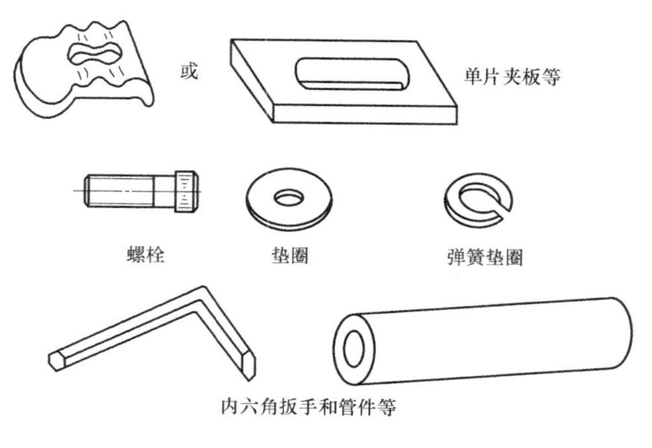

图 1-30　模具安装工具

4）模具的安装。一般模具安装需要 2 ~ 3 人，在条件允许的情况下，尽量将模具整体吊装。操作方法如下。

① 模具安装。方向模具中有侧向滑动机构时，尽量将其运动方向与水平方向相平行，或者下向开启，切忌放在向上开启的方向。有效地保护侧滑块的安装复位，防止碰伤侧型芯。

当模具长度与宽度尺寸相差较大时，应尽可能将较长边与水平方向平行，可以有效地减轻导柱拉杆或导杆在开模时的负载，并将因模具质量产生的导向件弹性变形控制在最小范围内，如图 1-31 所示。

模具带有液压管路接头、气压接头或热流道元件接线板时，尽可能将这些部分放置在非操作面，以方便操作。

② 吊装方式。模具整体吊装：将模具吊入注射机拉杆模板间后，找正位置，使定模上的定位环进入固定板上的定位孔，并且放正，慢速闭合动模板，然后用压板或螺钉压紧定模，并初步固定动模，再慢速微量开启动模 3 ~ 5 次，检查模具在闭合过程中是否平稳、灵活，有无卡滞现象，最后固定动模板。

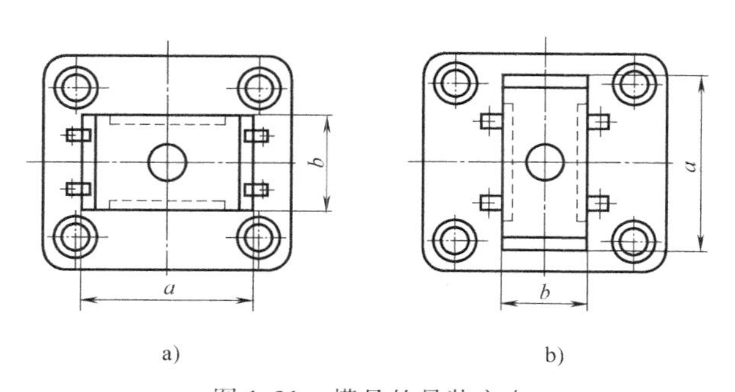

图 1-31　模具的吊装方向

a）正确　b）不正确

模具人工吊装：中小型模具可以采用人工吊装。一般从注射机的侧面装入，在拉杆上垫两根木板，将模具慢慢滑入。在安装过程中要注意保护合模装置和拉杆，防止拉杆表面拉伤、划伤。

③ 模具的紧固方式。螺钉固定（图1-32a）和压板固定（图1-32b、c、d）。

（2）注射成型模具的调试

1）调试模具前必须对设备的油路、冷却水路和加热电路系统进行检查，并按规定保养设备，做好开车前的准备。

2）接通总电源，将操作的选择开关调到手动上，关闭安全门（根据安全保护要求，机器在工作时所有安全门都应关闭，打开操作侧的安全门时，液压泵就会停止工作），调好行程开关的位置，使移动模板后移。

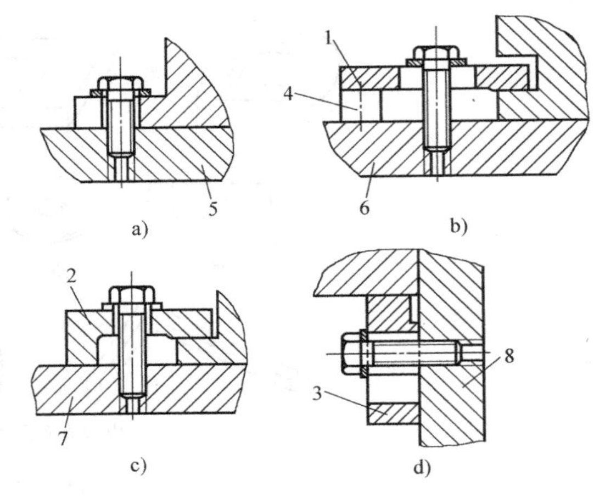

图1-32　模具的紧固

1、2、3—压板　4—垫块　5、6、7、8—注射机模板

3）原料检查。根据推荐的工艺参数，将料筒和喷嘴进行加热。由于塑件大小形状和壁厚各不相同，设备上热电偶的位置和温度表的误差也各有差异，因此，资料上介绍的加工某一塑料的料筒和喷嘴温度是否适合，最好的办法是在喷嘴和主流道脱开的情况下，用较低的注射压力使塑料自喷嘴中缓慢地流出。观察料流，如果有硬块、气泡、银纹、变色，而是光滑明亮，即说明料筒和喷嘴温度是比较合适的，这时可开始试模。

4）调整合模力。在保证制品质量的前提下，应将合模力调到所需要的最小值。

5）调节开闭模运动的速度及压力。

6）手动合模开模1～2次，并检查顶出及开合模是否顺畅。

7）试模。在开始试模时，原则上选择在低压、低温和较长时间的条件下成型，然后按压力、时间、温度这样的先后顺序变动。最好不要同时变动两个或三个工艺条件，以便分析和判断情况。压力变化的影响，可立刻从塑件上反映出来，所以如果塑件充不满，通常是先增加注射压力。当大幅度提高注射压力仍无显著效果时，才考虑变动时间和温度。延长时间，实质上是使塑料在塑筒内受热时间加长，注射几次后，若仍然未充满，最后提高料筒温度。但料筒温度上升并和塑料温度达到平衡需要一定的时间（一般约15min），不能立刻从塑件上反映出来，因此，需要耐心等待，不能一下把料筒温度升得太高，以免塑料过热，甚至发生降解。

8）注射成型调试。在注射成型时，可选用高速或低速两种工艺。一般在塑件壁薄而面积大时，采用高速注射，而壁厚面积小者，采用低速注射，在高速和低速都能充满型腔的情况下，除玻璃纤维增强塑料外，均宜采用低速注射。

9）预塑调试。对黏度高和热稳定性差的塑料，采用较慢的螺杆转速和略低的背压加料和预塑，而黏度低和热稳定性好的塑料可采用较快的螺杆转速和略高的背压。在喷嘴温度合适的情况下，采用喷嘴固定的形式可提高生产率。但当喷嘴温度太低或太高时，需要采用每成型周期向后移动喷嘴的形式。

在试模过程中，应做详细记录，并将结果填入试模记录卡，注明模具是否合格。如需返修，则应提出返修意见。在记录卡中应摘录成型工艺条件及操作注意要点，最好能附上加工出的塑件，以供参考。

10）试模后。将模具清理干净，涂上防锈油，然后分别入库或返修。

（3）塑料直尺调试工艺卡（表1-11）

表1-11　塑料直尺调试工艺卡

申请日期		组长		技工	
模具编号		模具名称	塑料直尺注射模具	型腔数	2
材料	PS	数量		试模次数	1
计划完成时间				实际完成时间	
试模内容	调整模具工艺参数				
试模内容	调整模具工艺参数				
机台号	12	机台吨位	55t	每模质量	
浇口单重/g		产品单重/g		周期时间/s	
冷却时间/s	12	射出时间/s	1.5	保压时间/s	2.0

温度/℃											
烘干		射嘴	65	一段	220	二段	210	三段	200	四段	

射出				位料				合模				开模			
	压力	速度	位置		压力	速度	位置		压力	速度	位置		压力	速度	位置
一段	65	45	25	一段	20	20	10	一段				一段			
二段	65	45	30	二段	20	20	15	二段				二段			
三段				松退	20	20	+3	三段				三段			
四段				背压				四段				四段			

顶出方式：	□停留	□多次	操作方式：	□半自动	□全自动
冷却方式：	□冷却水	□常温水	□模温机：温度（　℃）		

试模结果
保压：50　40　30 20　15　10 1.5　1.5　1.5

1.4　模具结构

塑料直尺注射模具属于单分型塑料注射模具，一模成型两件，模具结构简单，模具外形尺寸为250mm×200mm×180mm，适合小型注射机生产，塑件生产效率高，模具成本低。

1.4.1　型腔分型面的确定

1. 塑料直尺分型面的确定

（1）分型面　塑料注射模具上用动模、定模可分离的接触面称为分型面，也称合模面（图1-33）。

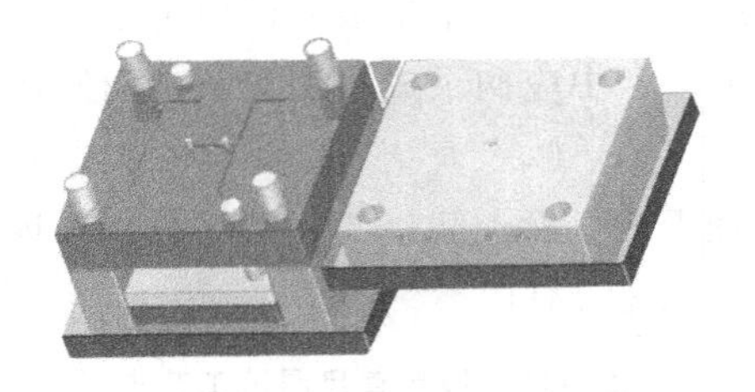

图 1-33　塑料直尺分型面

（2）分型面的类型　根据塑料制件的结构和形状特点不同，可将分型面分为直线分型面、倾斜分型面、折线分型面和曲线分型面等，见表 1-12。图中箭头所指方向为动模的移动方向。

表 1-12　分型面分类表

分型面的类型	三维示意图	二维示意图	特点
直线分型面			与动模固定板、定模固定板平行的分型面
倾斜分型面			与动模固定板、定模固定板成一定角度的分型面
折线分型面			分型面不在同一平面内，而由几个折线平面组成的分型面
曲线分型面			动模、定模闭合时，表面为曲面的分型面

2. 塑料直尺的分型面方案的确定

根据分型面确定的原则，塑料直尺模具的分型面设置在制件的底部，如图1-34所示。

1.4.2 塑料直尺模具型腔数量及排列方式的确定

1. 塑料直尺制件型腔的布置图（图1-35）

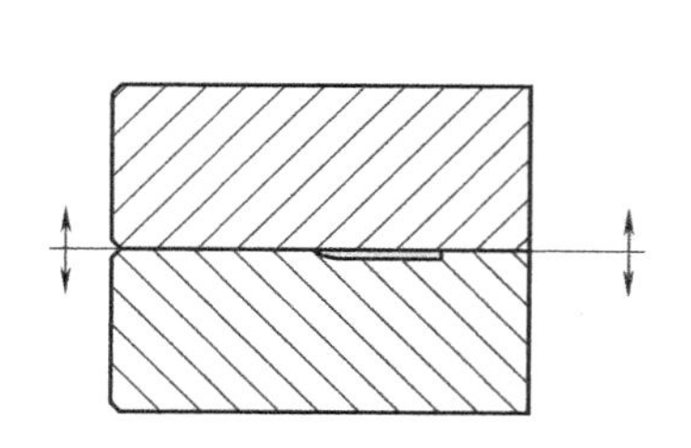

图1-34 塑料直尺分型面模具结构图

图1-35 塑料尺子制件型腔的布置

（1）型腔数量的确定原则 在模具设计时，模具型腔的数量可按以下原则来确定。

1）按注射机的最大注射量确定型腔数量。公式为

$$N=(Km_{注}-m_{浇})/m_{件}$$

式中 $m_{注}$——注射机最大注射量，单位为g；

$m_{浇}$——浇注系统（主流道和分流道）的总质量，单位为g；

$m_{件}$——塑件的质量，单位为g；

K——注射机最大注射量利用系数，一般K取0.8；

N——型腔数量。

2）按注射机的锁模力确定型腔数量。确定公式为

$$N=(P_{注}/P_{C}-B)/A$$

式中 $P_{注}$——注射机的公称锁模力，单位为N；

P_{C}——型腔内熔体的平均压力，单位为MPa；

B——流道和浇口在分型面上的投影面积，单位为mm^2；

A——每个制品在分型面上的投影面积，单位为mm^2；

N——型腔个数。

（2）型腔的布置方式 型腔的布置方式根据制品有不同的布置方式，通常有矩形布局和圆形布局两种。型腔的分布又有平衡式布局和非平衡式布局两种方式。两种方式各有特点，因此在实践中应用都很广泛。

平衡式分布的特点：从主流道到各个型腔的分流道，其长度、截面尺寸及形状都完全相同，以保证各个型腔同时均衡进料，同时注射完毕，即保证各型腔的熔体温度、压力、充模时间都相等。

非平衡式布局的特点：主流道至各型腔的分流道长度及熔体流程各不相同。致使各型腔

的熔体充模时间不同，温度分布与压力传递不同，塑件质量不一致。

1）矩形布局（图 1-36）。

2）圆周布局（图 1-37）。

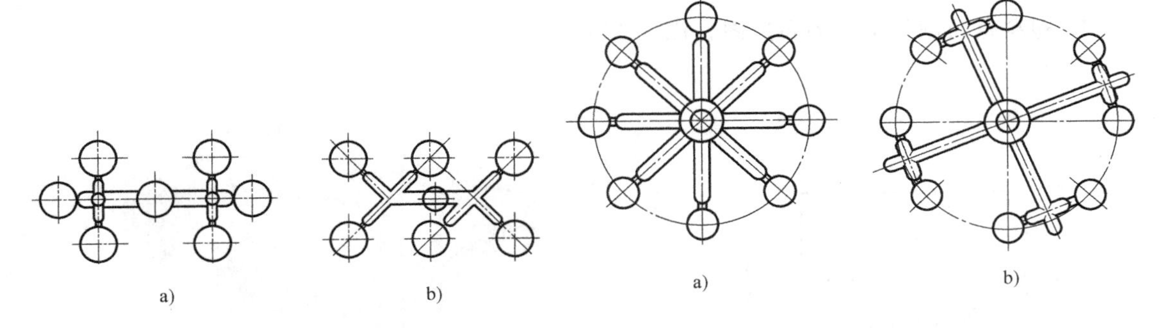

图 1-36　矩形布局示意图
a）平衡式　b）非平衡式

图 1-37　圆周布局示意图
a）平衡式无冷料穴　b）平衡式有冷料穴

平衡式无冷料穴：冷料可能进入型腔，影响制件脱模。

平衡式有冷料穴：设计了冷料穴弥补了分流道分布过密的不足，省凝料且制造方便。

2. 塑料直尺型腔数的确定

塑料直尺制件选用一模两件，矩形平衡式布置。

1.4.3　塑料直尺成型零件设计

模具成型零件是指构成模具型腔的零件。设计模具成型零件时应根据塑料制件的尺寸，计算成型零件的型腔尺寸，以便确定成型零件的加工工艺、热处理的方法、装配要求。对于模具主要成型零件要进行强度和刚度的校核，主要包括凹模、凸模、成型杆和成型环等零件。

1. 塑料直尺成型结构的设计

型腔又称凹模或阴模，是构成塑件外部几何形状的零件，按结构不同可分为整体式和组合式。下面介绍整体式型腔，组合式型腔在后文中讲述。

整体式型腔：整体式型腔是用整块金属模板加工而成的（图 1-38）。它的特点是强度和刚度相对较高，不易变形，塑件上不产生拼合缝隙，但切削量大，模具成本高，热处理表面处理困难。

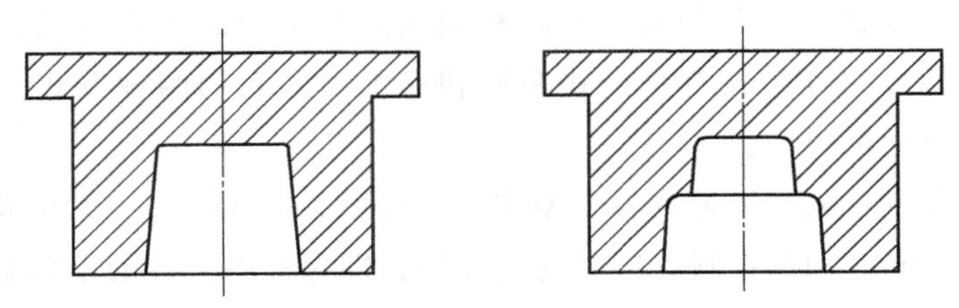

图 1-38　整体式型腔结构图

2. 塑料直尺成型零件尺寸计算

（1）影响塑件尺寸的因素

1）成型收缩率的选择和成型收缩的波动引起的尺寸误差。

2）成型零件的制造误差。

3）成型零件的组装误差。

（2）成型零件工作尺寸确定　按平均收缩率 S_{cp} 计算（图1-39）。

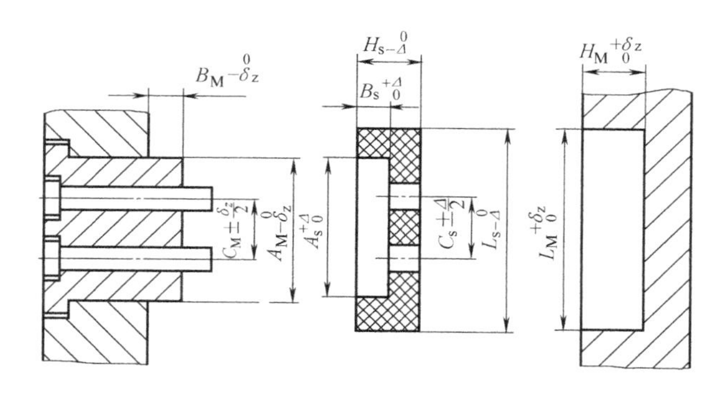

图1-39　型腔与型芯尺寸位置关系

1）型腔工作尺寸　径向尺寸 $L_M = (L_S + L_S S_{cp} - \frac{3}{4}\Delta)^{+\delta_z}_{\ 0}$；轴向尺寸 $H_M = (H_S + H_S S_{cp} - \frac{2}{3}\Delta)^{+\delta_z}_{\ 0}$。

2）型芯尺寸　径向尺寸 $L_M = (L_S + L_S S_{cp} + \frac{3}{4}\Delta)^{\ 0}_{-\delta_z}$；轴向尺寸 $H_M = (H_S + H_S S_{cp} + \frac{2}{3}\Delta)^{\ 0}_{-\delta_z}$。

式中　L_M——型腔、型芯径向工作尺寸，单位为mm；

H_M——型腔、型芯轴向工作尺寸，单位为mm；

L_S——型腔、型芯径向名义尺寸，单位为mm；

H_S——型腔、型芯轴向名义尺寸，单位为mm；

S_{cp}——塑料平均收缩率；

Δ——塑件的公差；

δ_z——模具制造公差，按IT8级公差选取，精度要求不高者取（1/6～1/3）Δ。

（3）塑料直尺型腔尺寸计算　材料为PS，该材料在注射成型时的平均收缩率 S_{cp} 按0.45%计算。模具成型零件的制造公差 δ_z 取 $\Delta/3$，尺寸公差IT6。

型腔工作尺寸　径向尺寸：$L_M = (L_S + L_S S_{cp} - \frac{3}{4}\Delta)^{+\delta_z}_{\ 0}$，$\Delta = 1.10$

$$= \left(130 + 130 \times 0.45\% - \frac{3}{4} \times 1.10\right)$$

$$= 129.76^{+0.36}_{\ 0}$$

$$L_M = \left(L_S + L_S S_{cp} - \frac{3}{4}\Delta\right)_0^{+\delta_z} \quad \Delta = 0.48$$

$$= \left(30 + 30 \times 0.45\% - \frac{3}{4} \times 0.48\right) = 29.77_{\ 0}^{+0.16}$$

轴向尺寸：$H_M = \left(H_S + H_S S_{cp} - \frac{2}{3}\Delta\right)_0^{+\delta_z} \quad \Delta = 0.24$

$$= \left(2 + 2 \times 0.45\% - \frac{2}{3} \times 0.24\right) = 1.85_{\ 0}^{+0.06}$$

3. 塑料直尺成型结构的确定

塑料直尺制件选用一模两件，整体式凹模成型方法（图1-40）。

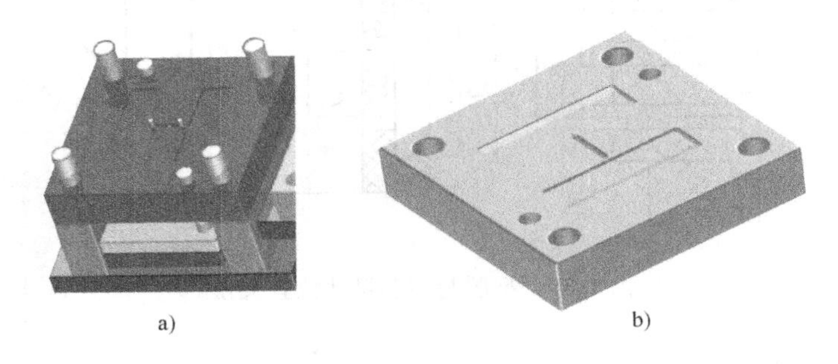

图1-40 塑料直尺凹模型腔结构

a）组装图 b）零件图

1.4.4 塑料直尺模具浇注系统设计

1. 塑料直尺浇注系统设计基础知识

（1）浇注系统定义 注射模具的浇注系统是指从注射机喷嘴出口起到模具型腔入口止的塑料熔体流动通道。是注射模具设计中的重要组成部分。

（2）浇注系统组成 它主要包括主流道、分流道、浇口及冷料穴四个部分（图1-41所示），其各个部分的作用见表1-13。

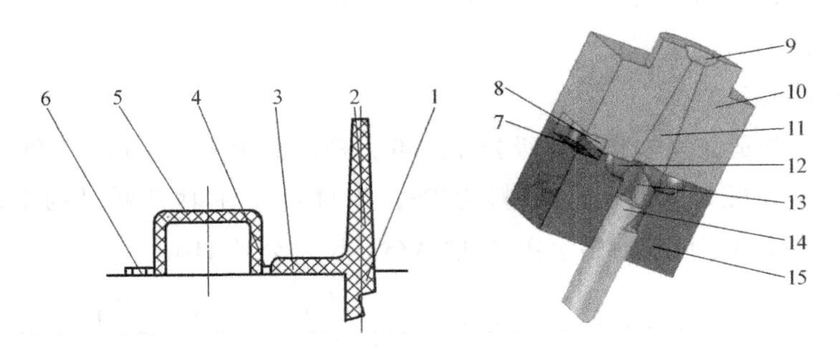

图1-41 塑料注射模浇注系统组成

1,13—冷料穴 2,11—主流道 3,12—分流道 4,8—浇口 5—塑件 6—排气 7—型腔 9—喷嘴进料口 10—定模 14—Z形拉料杆 15—动模

2. 塑料直尺浇注系统各个部分设计

（1）主流道的设计 主流道是熔融塑料由注射机喷嘴喷出时最先经过的部位，与注射机喷嘴同轴。因之与熔融塑料、注射机喷嘴反复接触、碰撞，一般不直接开设在定模上，而是制成可拆卸的浇口套，用螺钉或配合形式固定在定模板上，主流道的基本结构和安装形式（图1-42）。

表1-13 浇注系统各个部分的作用

名称	说　明	结构示意图
主流道	主流道是连接注射机喷嘴与模具分流道之间的一段圆锥形通道，其作用是将塑料熔体从注射机喷嘴引入模具（引料入模）	
分流道	分流道是主流道与浇口之间的料流通道。在多型腔或单型腔多浇口模具中，分流道是将来自主流道的熔体均匀的分配至各型腔或同一型腔的各部位，并对熔体进行分流和转向。按模具类型的不同，分流道可分为一级或多级，有的模具没有分流道	
浇口	浇口是分流道与型腔之间的一段截面狭小、长度很短的料流通道，是熔体进入型腔的入口，是整个浇注系统的关键部分	
冷料穴	冷料穴一般位于主流道末端分型面动模一侧，分流道较长时，在其末端也设有冷料穴。冷料穴主要用于收集喷嘴前端和熔体流动前锋的冷料，避免冷料进入型腔对塑件质量痕造成影响。有时，在型腔最后充满部位，为避免熔接痕对制品质量的影响，也设置冷料穴，制品成型后切除	

1）主流道的设计要点。

采用$\alpha=3°\sim6°$的圆锥孔以便取出浇口凝料（锥角太大注射速度缓慢，形成涡流），锥孔内壁的表面粗糙度值为$Ra0.63\mu m$；锥孔大端有$1°\sim2°$的过渡圆角（减小料流转向时的流动阻力）。

当与注射区直接接触时，出料端端面直径D尽量小（如果直径太大，型腔内部的反压力就会很大）。

浇口套的凹球面与注射机喷嘴头的凸球面吻合：$S_r=SR+(0.5\sim1)$ mm（SR为注射机喷嘴头半径）；$d=d_1+(0.5\sim1)$mm（d_1为注射机喷嘴头内径）端

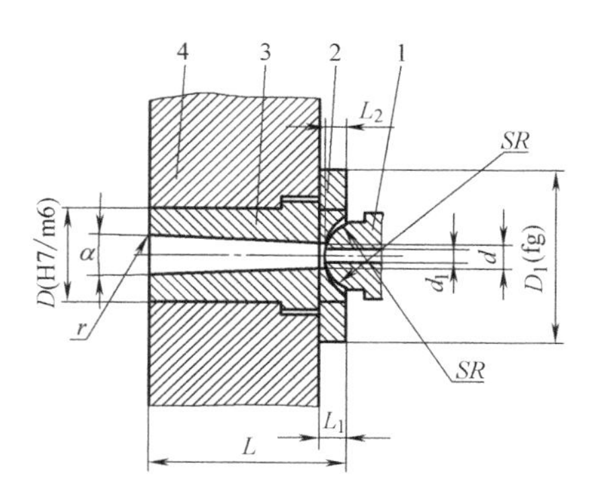

图1-42 主流道的组成
1—注射机喷嘴 2—定位环 3—浇口套 4—定模

面凹球面深度 $L_2=3\sim5$mm。

定位环外径 D_1 与注射机的定位孔间隙配合；定位环厚度为 $L_1=5\sim10$mm。

浇口套端面与定模相配合部分的平面高度一致。

浇口套长度 L 尽量短（L 太大，压力损失太大，物料降温过大）。

浇口套材料为 T8A 淬硬处理，硬度应小于注射机喷嘴硬度。

2）主流道的结构形式（图 1-40）。主流道通常位于模具的中心，是塑料熔体的入口，其形状为圆锥形，便于熔融塑料的顺利流入，开模时能够从模具中顺利地拔出，其主要结构形式如图 1-43 所示。

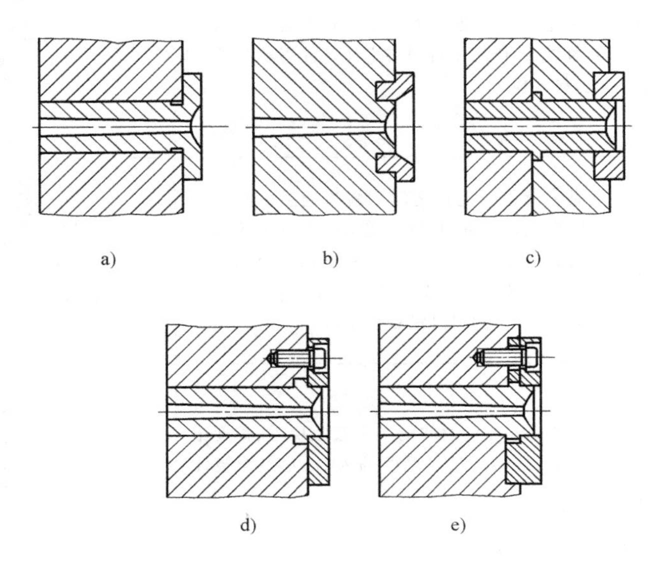

图 1-43　主流道衬套的结构形式

将注射机定位孔的配合处与浇套一体，压入端面无紧固，适用于小型模具（图 1-43a）。

主流道开设在定模板上，不能进行淬硬处理，适用于批量不大的特小型模具（图 1-43b）。

浇口套设在两块定模板之间，端面设定位环（图 1-43c）。

最常用的一种浇口套端部设一个与注射机相配的定位环，端面用螺栓紧固，以克服塑件的对浇口套的反作用力（图 1-43d、e）。

（2）分流道的设计（图 1-44）　分流道是主流道与浇口的中间连接部分，其作用是熔料分流和转换方向。

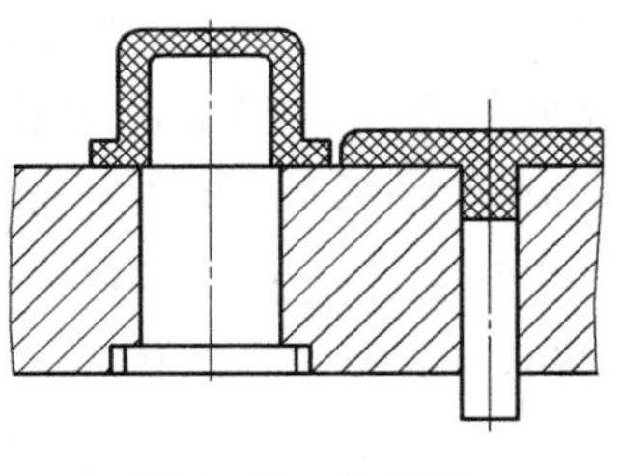

图 1-44　分流道

1）分流道的设计要点。

① 截面积　截面积在满足注射工艺的条件下应尽量小。

② 分布　分流道的分布要紧凑、对称，尽量缩小成型区域总面积。

③ 形状　分流道截面积与周长之比尽量大。

④ 长度　分流道应尽量短；各型腔的分流道长度尽量相等。

⑤ 内表面粗糙度　分流道内表面不必很光滑，以使料流外层形成一层冷却皮层，用来保温，其表面粗糙度值为 $Ra1.6\mu m$。

⑥ 分流道对熔体流动的阻力要小，在保证熔体顺利充模要求的前提下，分流道的截面积与长度应尽量取小值。

⑦ 分流道较长时，在其末端应开设冷料穴，如图 1-45 所示。

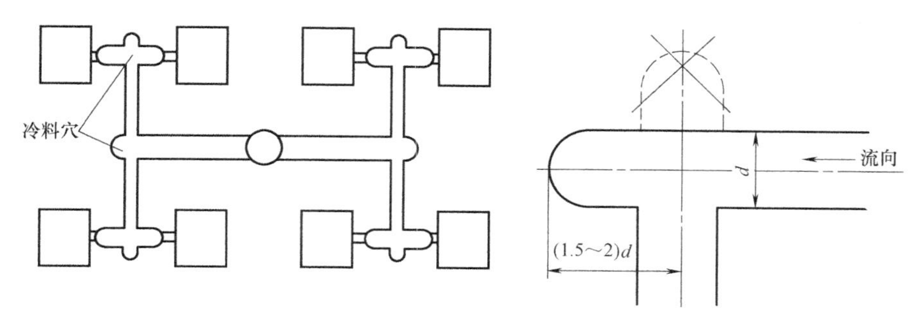

图 1-45　长分流道结构形式

2）分流道的截面形状（图 1-46）。

① 分流道的主要截面形状

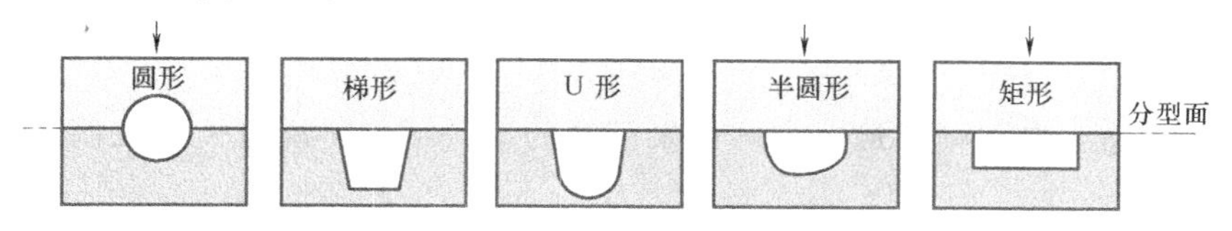

图 1-46　分流道截面形状

② 分流道的选择。为了减少分流道内的压力损失和热损失，应使分流道内的通导截面积最大，而散发热量的内表面积最小。分流道的效率用分流道的截面积 S 与其截面周长 L 的比来表示（图 1-47）。

$$分流道效率\ \eta = 截面积/截面周长 = S/L$$

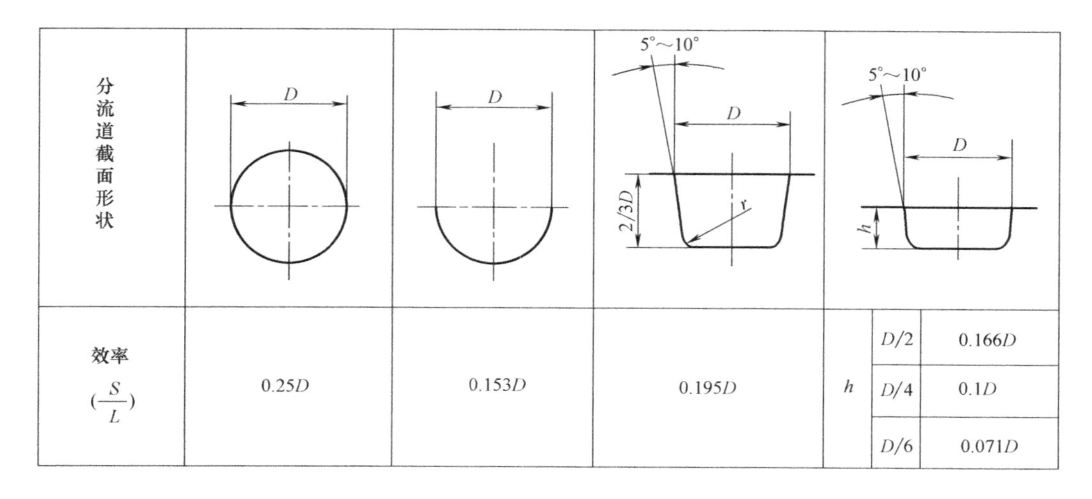

分流道截面形状	圆形	U形	梯形	梯形		
效率 $(\frac{S}{L})$	0.25D	0.153D	0.195D	h	$D/2$	0.166D
					$D/4$	0.1D
					$D/6$	0.071D

图 1-47　分流道截面形状与效率

圆形截面：其优点是分流道效率最高，根据塑件实际情况分流道直径 D 可在 4 ~ 8mm 内最好；其缺点是制造麻烦，将分流道分设在模板两侧，对合时产生错口现象。

半圆形截面：效率比圆形差，但加工相对简单。

梯形截面：加工方法简单，截面也利于物料的流动，故最常用。分流道直径 D 在 4 ~ 8mm 选择。

扁形截面（扁梯形）：扁形截面分流道的流动情况变差，但分流道冷却比以上形状好很多。扁形截面分流道的宽度和深度根据实际需要来定。

（3）浇口的设计　浇口是主流道、分流道与型腔之间的连接部分，即浇注系统的终端，对保证塑件质量具有重要作用。

1）浇口的设计要点　浇口位置设置的正确与否对制件的成型性能和质量影响很大，是浇注系统设计的重要环节。确定浇口位置时，应根据制件的几何形状、结构特征和技术质量要求等，综合分析熔体的流动状态、充模顺序、保压补缩和排气等因素对熔体充模流动的影响，以合理地确定。一般应考虑如下原则。

① 浇口位置应考虑产品功能与外观要求，如浇口痕迹和熔接痕。浇口还应远离制品未来受力位置（如轴承处），以避免残留应力。

② 浇口位置必须考虑排气，以避免发生积气。浇口不应对着细小型芯或嵌件处，以避免型芯偏移。

③ 浇口应放置于制品壁厚最大处。如果可能的话，尽量将浇口放置在制品中央。并考虑到对称性。

④ 浇口位置应有利于熔体充模流动，不使料紊乱或流产生过大阻力。使熔体充模流程最短，以减少压力损失。

2）单分型塑料直尺注射模具浇口类型　塑料直尺注射模具选用侧浇口（图 1-48）。侧浇口是从塑件一侧边缘进料，开设在主分型面上。浇口截面多用矩形或梯形。浇口加工方便，能比较准确地控制尺寸；浇口去除方便，塑件上痕迹小。适用于多种塑料及各种制品的单或多型腔模具。

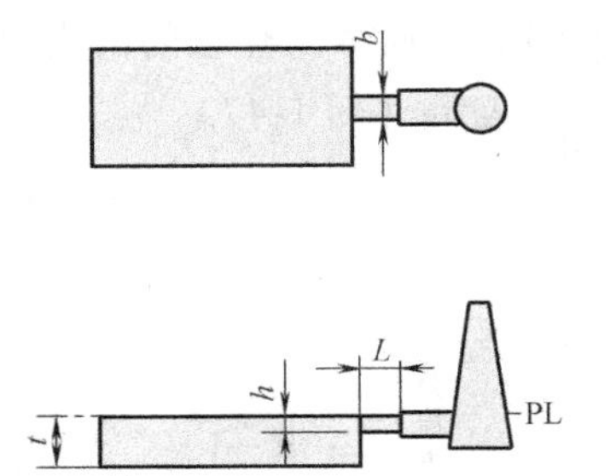

图 1-48　侧浇口

优点：截面扁平，冷却时间短，生产效率较高；易去除浇注凝料而不影响塑件外观可据塑件形状特点灵活多样选择浇口位置；因截面小，熔料受挤压和剪切改善流动状况，便于成型和保证制品质量；易加工，易调整尺寸使各型腔浇注平衡；用于一模多腔模具，提高生产效率。

缺点：压力损失大，需用较大的注射压力或缩短浇口长度；浇口位置的选择和排气措施应尽量避免熔接痕、缩孔和气泡等缺陷。

（4）冷料穴设计

1）作用　储存注射间歇期间喷嘴前端的冷料，以防其进入流道阻塞或减缓料流，或进入型腔在塑件上形成冷疤或冷斑；将主流道凝料从浇口套中拉出。

2）形式和位置　与主流道末端相对的动模板上或处于分流道的末端，如图 1-49 所示。

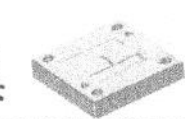

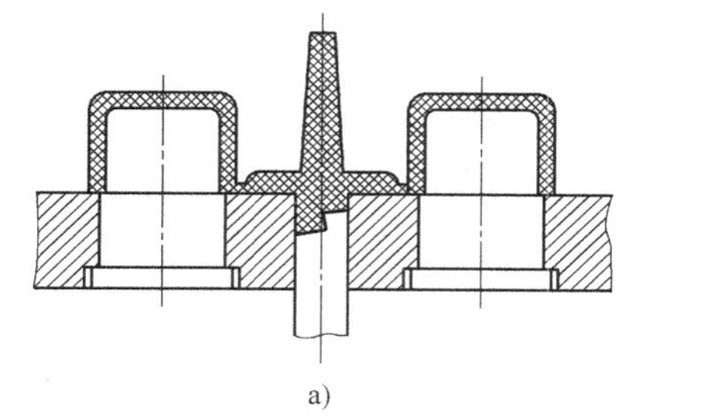
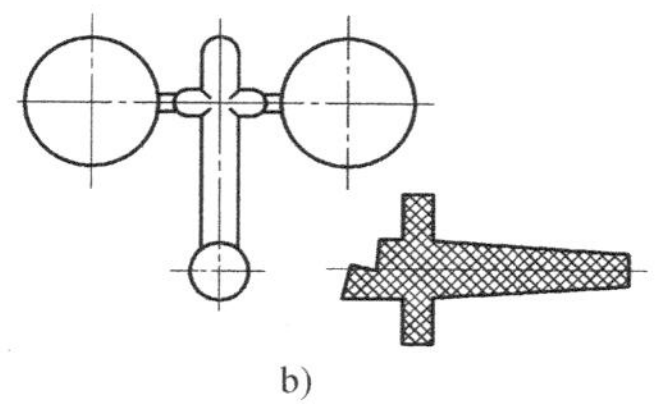

a) b)

图 1-49 冷料穴结构

a) 主视图 b) 俯视图

3. 塑料直尺浇注系统的确定

采用侧浇口，半圆形分流道，Z 形拉料杆结构设计（图 1-50），其工作过程如图 1-51 所示。开模时拉料杆将主浇道凝料拉出附在动模上并随着顶出机构一起顶出。

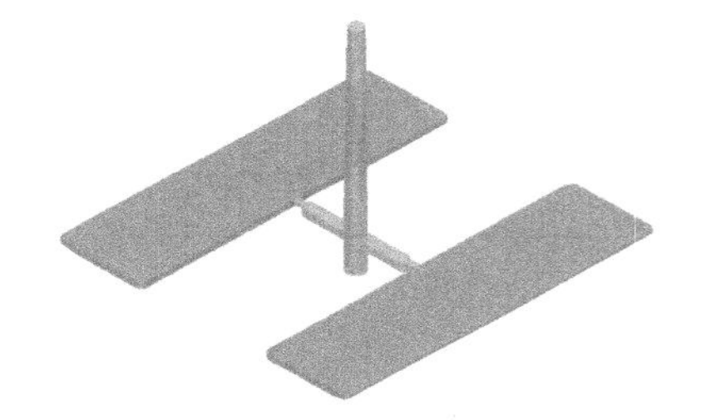

图 1-50 塑料直尺浇注系统示意图

a) b) c)

图 1-51 塑料直尺浇注系统示意图

a) 合模注塑 b) 拉出凝料 c) 与制件同时顶出

1.4.5 塑料直尺冷却系统的设计

模温即模具温度，它是指模具型腔和型芯的表面温度。由于各种塑料的性能和成型工艺要求不同，模具温度就应相应调整。塑料注射成型是将约 200℃ 的熔融树脂注入模具，然后从 40 ~ 60℃ 的模具中取出制件的工艺方法，这种温度差的形成是由冷却水决定的。合理的冷却系统对制件的质量和生产效率影响很大，是模具正常生产的重要保证。

1. 塑料直尺冷却系统的设计基础知识

（1）冷却系统的设计的要点　冷却水道应与成型面各处距离相等，排列与成型面形状相符（图 1-52）。

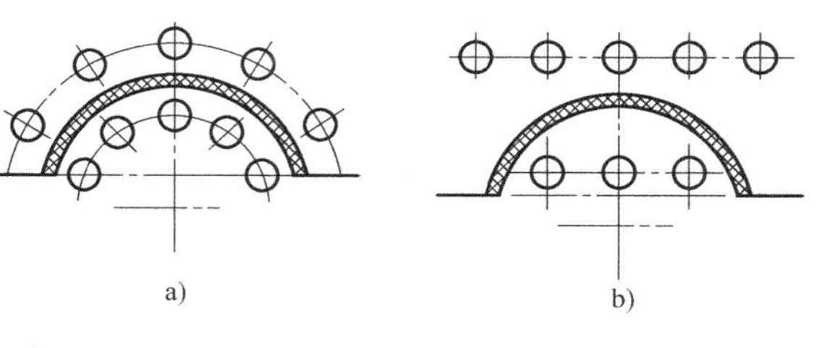

a) b)

图 1-52 冷却水道布局比较

冷却水道应使成型零件表面冷却均匀，模具各处的温差不大（图 1-53）。冷却水道直径一般取 $\phi8 \sim \phi12$mm（层流和湍流）。

浇口部位并沿料流方向流动，即从模温高的区域流向模温低的区域（图 1-54）。

冷却水道应避开塑件可能出现熔接痕 *A* 处的部位（图 1-55）。

进出水嘴应设在不影响操作的位值。

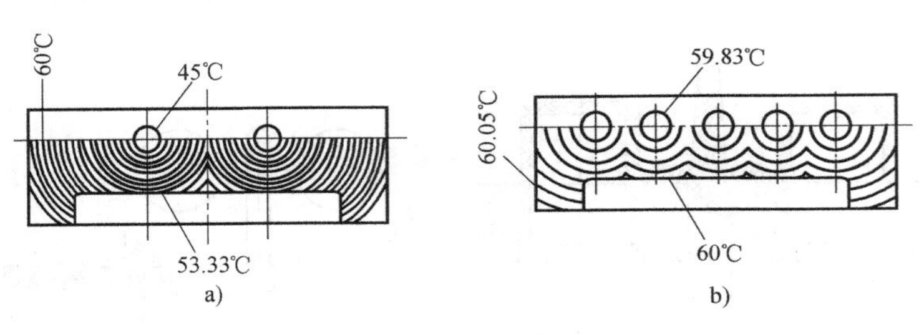

图 1-53　冷却布局与模温示意图

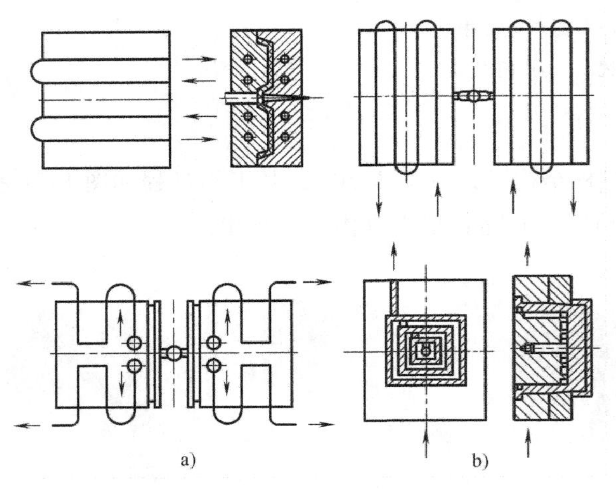

图 1-54　冷却水道应先通过模温高的部位

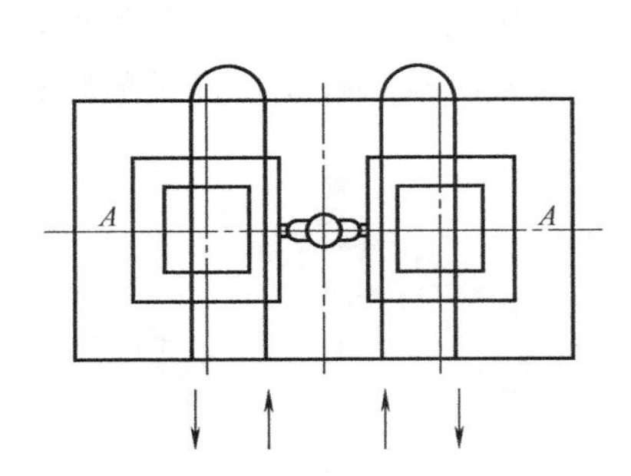

图 1-55　水道应防止出现熔接痕

（2）型腔冷却形式

1）常用型腔的冷却：沿型腔边缘设置若干并、串连循环水路（图 1-56）。

2）整体组合式型腔的冷却：在组合面上设置冷却水道（图 1-57）。

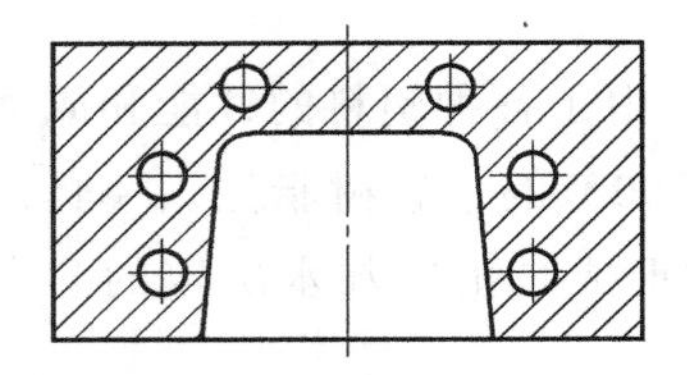

图 1-56　常用型腔的冷却

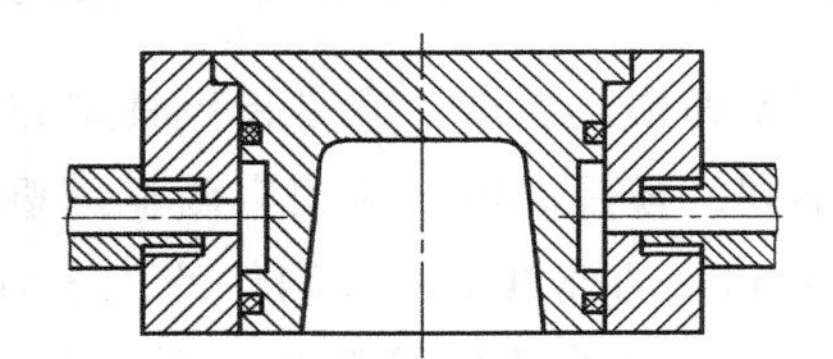

图 1-57　整体组合式型腔的冷却

3）多层冷却：用于塑件精度要求较高的大型模具（图 1-58）。

4）平面螺旋冷却：用于型腔较浅、底部平面度要求较高的塑件（图 1-59）。

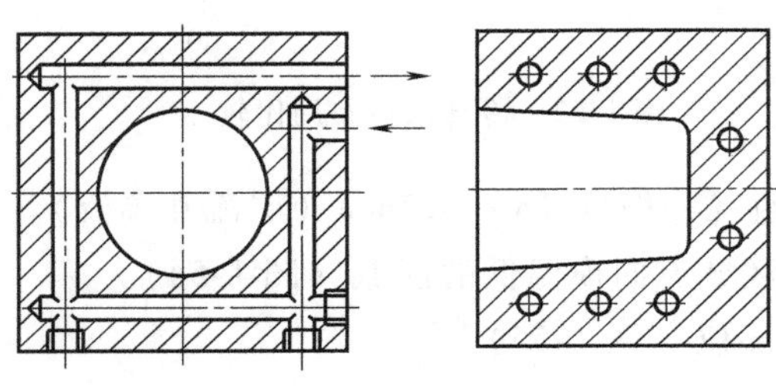

图 1-58　多层冷却

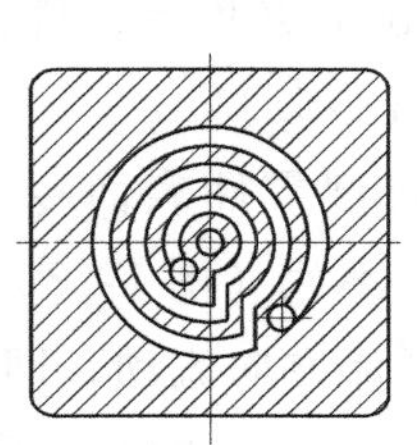
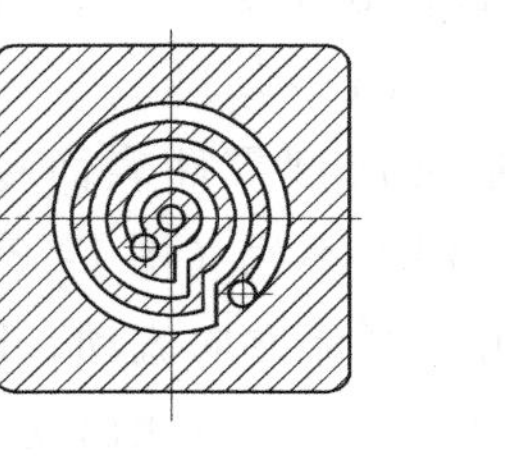

图 1-59　平层螺旋冷却

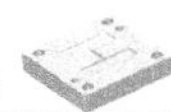

5）螺旋水道冷却：用于较深的整体组合式型腔的冷却（图1-60）。

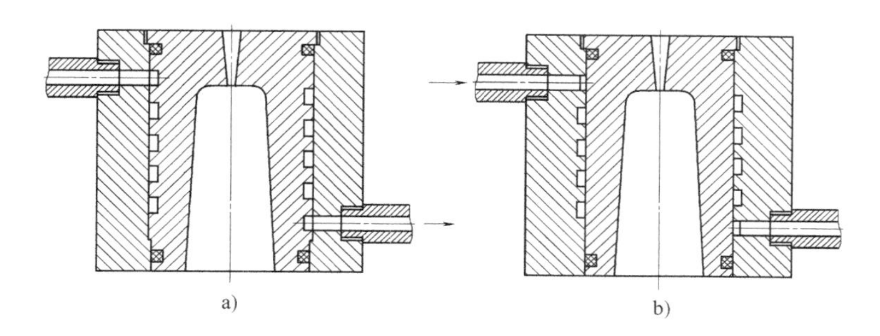

图1-60 螺旋水道冷却

2. 塑料直尺型腔冷却方式的确定

塑料直尺的型腔冷却系统采用直通式的冷却方式（图1-61）。

1.4.6 顶出系统设计

顶出机构又称脱模机构，是实现塑件从模具型腔中脱出的机构。在顶出塑件后脱模机构又回到原来的位置。根据传动形式的不同，顶出机构可分为机动顶出机构、液压顶出机构和手动顶出机构三个种类；根据顶出方式的不同，顶出机构可分为顶杆顶出和顶管顶出和顶件板顶出机构等种类。

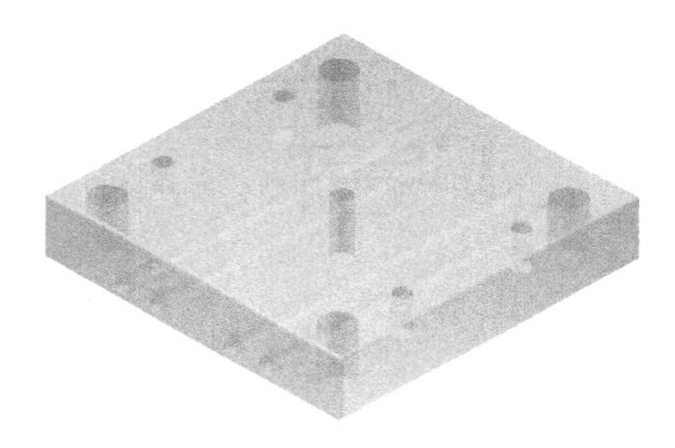

图1-61 塑料直尺冷却示意图

1. 塑料直尺顶出系统设计基础知识

（1）顶杆脱模机构基本结构形式

1）顶杆脱模机构组成（图1-62）。

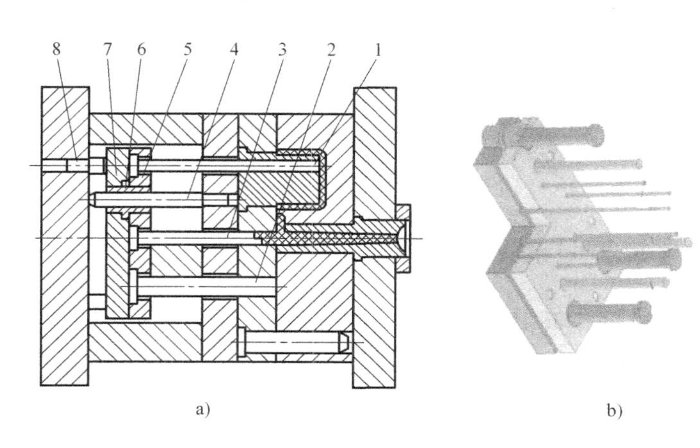

图1-62 顶出系统的基本形式

a）二维结构图 b）三维示意图

1—顶杆 2—复位杆 3—勾料杆 4—导柱 5—顶杆固定板

6—导套 7—顶杆垫板 8—挡钉

2）工作过程：当模具打开一定距离，注射机的中心顶杆顶动模具顶出机构，即顶杆垫板7、顶杆固定板5、顶杆1向前运动，顶出塑件，复位杆2使模具顶出系统复位，完成模具一次顶出的工作过程。

（2）顶杆脱模机构的结构形式和固定形式

1）顶杆脱模机构的结构形式　顶杆的形式多种多样，结构简单、最常见的是圆形截面的顶杆。当顶杆直径较小时，为了增加顶杆刚度，可将顶杆设计成阶梯形，也可以根据情况将顶杆端面制造成其他形状（图1-60）。

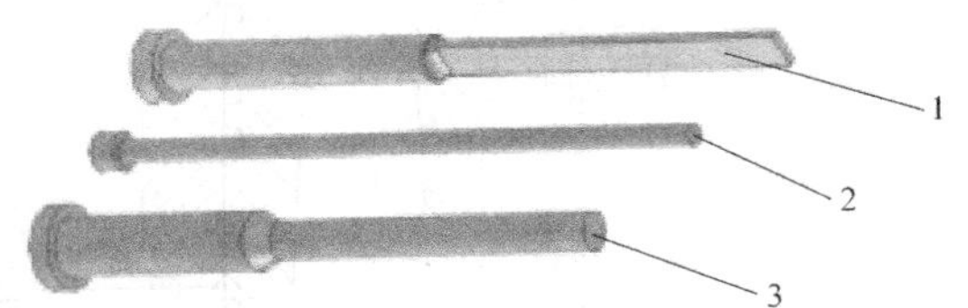

图1-63　顶杆脱模机构的结构形式
1—矩形　2—圆柱形　3—阶梯形

2）顶杆脱模机构的固定形式（图1-64）。

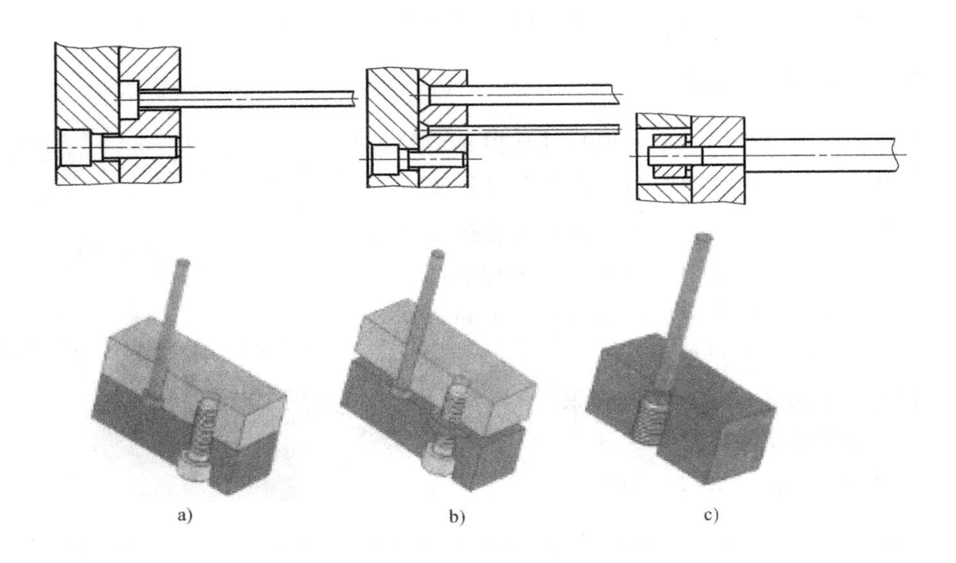

图1-64　顶杆脱模机构的固定形式

2. 塑料直尺顶出系统的确定

塑料直尺注射模具采用顶杆顶出，回程杆复位机构（图1-65）。

1.4.7　塑料直尺导向系统设计

合模导向机构是塑料注射模具不可少的部件，因为模具在闭合时，合模导向机构具有定位、导向并能够承受一定的侧向力的作用。

1. 塑料直尺导向系统设计基础知识

1）导向系统作用：导向系统的作用是定位、导向及承受一定的侧向力。

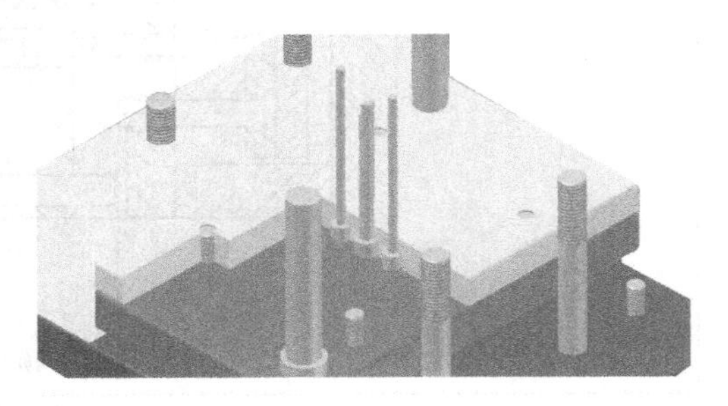
图1-65　塑料直尺顶出系统

2）导柱的结构和固定方式（见表1-14）。

表 1-14 导柱结构及固定方式

名称	结构和固定方式	说　明
A 型导柱	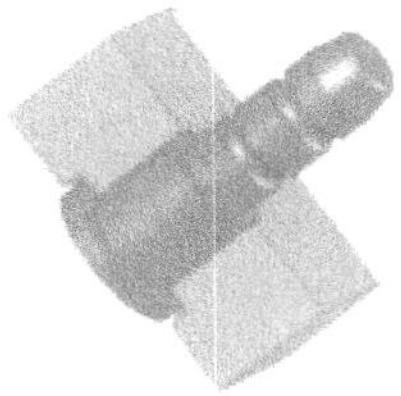	用于精度要求高，生产批量大的模具，配有导套
B 型导柱	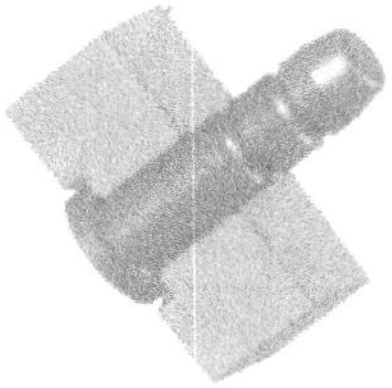	用于简单，生产批量小的模具，可不需要导套

3）导套的结构和固定方式（见表 1-15）。

表 1-15 导套结构及固定方式

名称	结　构	固 定 方 式
A 型导套	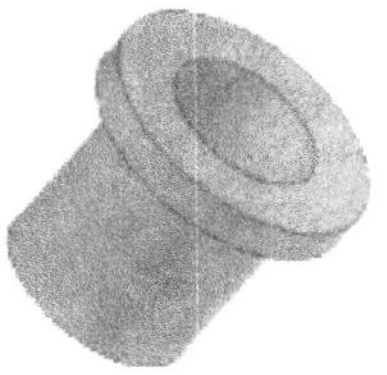	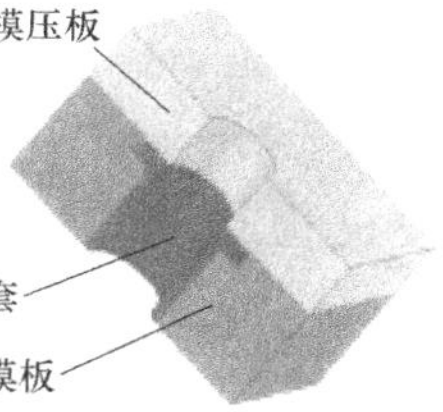 定模压板 导套 定模板
B 型导套		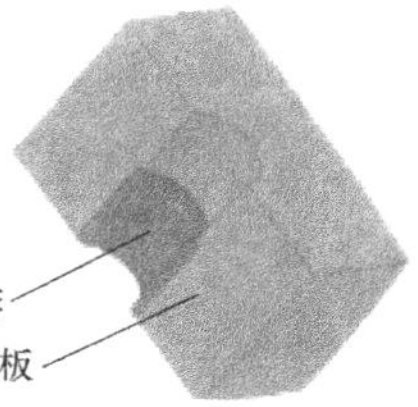 导套 定模板

4）导柱与导套的配合形式（见表 1-16）。

表 1-16 导柱与导套配合形式

形式	B 型导柱无导套	B 型导柱 A 导套	B 型导柱 B 导套
结构形式	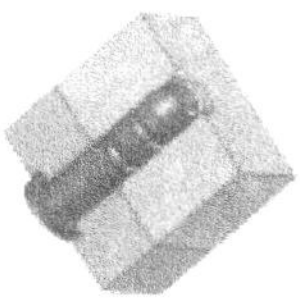	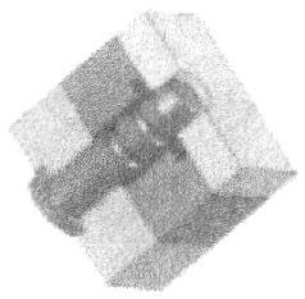	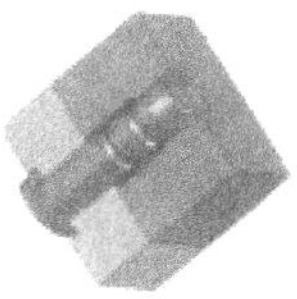

（续）

形式	B 型导柱无导套	B 型导柱 A 导套	B 型导柱 B 导套
特点	直接将导向孔加工在模板上，加工方便，但易磨损，维修不方便。适用于小批量低精度的模具生产	在模具中比较常用的一种结构，结构牢固，导向精度高，适用于模具精度要求高的模具	采用无肩导套的结构，导向精度高，适用于模具精度要求高的模具

形式	A 型导柱 A 导套	A 型导柱 B 导套
结构形式		
特点	两种结构基本相同，导柱固定端与导套外径尺寸一致，便于动模和定模上的孔一同加工，保证了动模和定模的同轴度，也避免了动模和定模型腔的错位	

2. 塑料直尺导向系统结构的确定

塑料直尺导向系统采用了 B 型导柱无导套。

1.5 练一练

1. 填空题

1）按机构组成，单分型面注射模可由________、________、________、________、________和________组成。

2）普通浇注系统一般由________、________、________和________组成。

3）型腔按结构不同可分为________和________。

4）推出机构一般由________、________和________零件组成。

5）冷却水通道不应有________和________的部位。

6）为了便于塑件的脱模，在一般情况下，使塑件在开模时留在________。

2. 判断题

1）用来成型塑件上螺孔的螺纹型芯在设计时不需考虑塑料的收缩率。（　）

2）主流道平行于分型面的浇注系统一般用于角式注射机上。（　）

3）限制性浇口是整个浇注系统中截面尺寸最大的部位。（　）

4）平缝浇口宽度很小，厚度很大。（　）

5）塑件上垂直于流向和平行于流向部位的强度和应力开裂倾向不同，垂直于流向的方位强度大，不容易发生应力开裂。（　）

6）Z 形拉料杆不管方向如何，凝料都需要人工取出。（　）

7）推件板上的型腔不能太深，数量也不能太多。（　）

3. 概念解释

1）浇注系统。

2）推出机构。

4. 问答题

1）简述浇口位置的选择原则。

2）简述分型面的作用及其形式。

3）什么是浇注系统的平衡？在实际生产中，如何调整浇注系统的平衡？

4）计算成型零部件工作尺寸要考虑什么因素？

5）为什么要设置推出机构的复位装置？

6）在注射模中，模具温度调节的作用是什么？

7）简述冷却水回路布置的基本原则。

答　　案

1. 填空题

1）按机构组成，单分型面注射模可由成型零部件、浇注系统、导向部件、推出装置、温度调节系统和结构零部件组成。

2）普通浇注系统一般由主流道、分流道、浇口和冷料穴四部分组成。

3）型腔按结构不同可分为整体式型腔结构、组合式型腔结构。

4）推出机构一般由推出、复位和导向零件组成。

5）冷却水通道不应有存水和产生回流的部位。

6）为了便于塑件的脱模，在一般情况下，使塑件在开模时留在动模上。

2. 判断题

1）用来成型塑件上螺孔的螺纹型芯在设计时不需考虑塑料的收缩率。（×）

2）主流道平行于分型面的浇注系统一般用于角式注射机上。（√）

3）限制性浇口是整个浇注系统中截面尺寸最大的部位。（×）

4）平缝浇口宽度很小，厚度很大。（×）

5）塑件上垂直于流向和平行于流向部位的强度和应力开裂倾向不同，垂直于流向的方位强度大，不容易发生应力开裂。（×）

6）Z形拉料杆不管方向如何，凝料都需要人工取出。（×）

7）推件板上的型腔不能太深，数量也不能太多。（√）

3. 概念解释

1）浇注系统：指模具中由注射机喷嘴到型腔之间的进料通道。

2）推出机构：在注射成型的每个周期中，将塑料制品及浇注系统凝料从模具中脱出的机构称为推出机构。

4. 问答题

1）简述浇口位置的选择原则。

答：① 尽量缩短流动距离。

② 避免熔体破裂现象引起塑件缺陷。

③ 浇口应开设在塑件的厚壁处。

④ 要考虑分子定向的影响。

⑤ 减少熔接痕，提高熔接强度。

2）简述分型面的作用及其形式。

答：包括平面、斜面、阶梯面、曲面形式。

作用是将模具分成两个或几个可分离的部分，使得模具在工作时能够开启和闭合，以便取出塑件。

3）什么是浇注系统的平衡？在实际生产中，如何调整浇注系统的平衡？

答：若根据某种需要浇注系统被设计成型腔非平衡式布置的形式，则需要通过调节浇口尺寸，使浇口流量及成型工艺条件达到一致，这就是浇注系统的平衡。

调整：① 首先将各浇口的长度、宽度和厚度加工成对应相等的尺寸。

② 试模后检验每个型腔的塑件质量，特别要检查一下已充满的型腔其塑件是否产生补缩不足所产生的缺陷。

③ 将已充满、有补缩不足缺陷型腔的浇口宽度略微修大。尽可能不改变浇口厚度，因为浇口厚度改变对压力损失较为敏感，浇口冷却固化的时间也会前后不一致。

④ 用同样的工艺方法重复上述步骤直至塑件质量满意为止。

在上述试模的整个过程中，注射压力、熔体温度、模具温度、保压时间等成型工艺应与正式批量生产时的工艺条件相一致。

4）计算成型零部件工件尺寸要考虑什么因素？

答：①塑件的收缩率波动；②模具成型零件的制造误差；③模具成型零件的磨损；④模具安装配合的误差；⑤塑件的总误差；⑥考虑塑件尺寸和精度的原则。

5）为什么要设置推出机构的复位装置？

答：推出机构在开模推出塑件后，为了下一次的注塑成型，必须恢复完整的模腔，所以必须有复位机构。通常包括复位杆复位、弹簧复位两种。

6）在注射模中，模具温度调节的作用是什么？

答：温度调节（模具的温度调节指的是对模具进行冷却或加热）既关系到塑件的质量（塑件的尺寸精度、塑件的力学性能和塑件的表面质量），又关系到生产效率，因此，必须根据要求使模具温度控制在一个合理的范围内，以达到高品质的塑件和高的生产率。

7）简述冷却水回路布置的基本原则。

答：① 冷却水道应尽量多、截面尺寸应尽量大。

② 冷却水道离模具型腔表面的距离最好相当。

③ 水道出入口要注意冷却。

④ 冷却水道应畅通无阻。

⑤ 冷却水道的布置应避开塑件易产生熔接痕的部位。

项目2 制造塑料导光柱模具

【学习目标】

1. 掌握塑料导光柱模具的制造工艺。
2. 了解模具设计与制造的基础步骤。
3. 掌握塑料注射模具的试模工艺。
4. 掌握塑料导光柱模具的结构设计。
5. 能够完成塑料导光柱模具装配图的绘制。

2.1 项目任务

2.1.1 任务单

1）绘制塑料导光柱的三维和二维制品图样。
2）识读塑料导光柱模具装配图，初步掌握塑料注射模具的结构组成。
3）拆画塑料导光柱模具零件图，编写零件加工工艺卡。
4）掌握塑料导光柱所选用的材料性能，进而了解塑料材料的性能。
5）完成塑料导光柱注射模具试模过程，掌握注射成型工艺。

2.1.2 塑料导光柱制品的结构识读

1. 塑料导光柱制品（图2-1、图2-2）

2. 塑件导光柱结构分析及材料的选择

（1）塑件制件表面质量分析　此产品为透明制件，要求外表面美观，无缩孔、熔接痕等缺陷，表面粗糙度为$Ra18\mu m$，可由电火花成型加工。产品表面字形为凹刻度痕，需在产品外观成型电极上加工出来。塑件内部表面有表面粗糙度的要求。

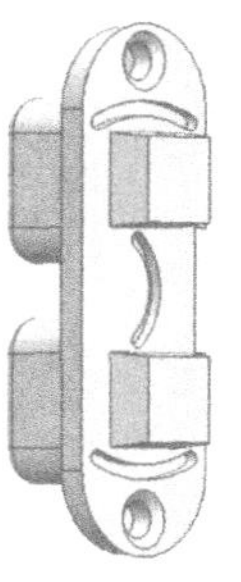
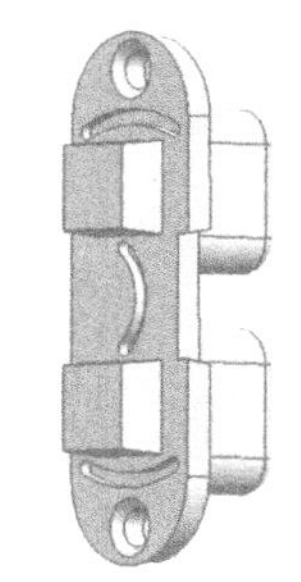

图2-1　塑料导光柱三维图

（2）塑料导光柱材料的选择　塑料导光柱材料

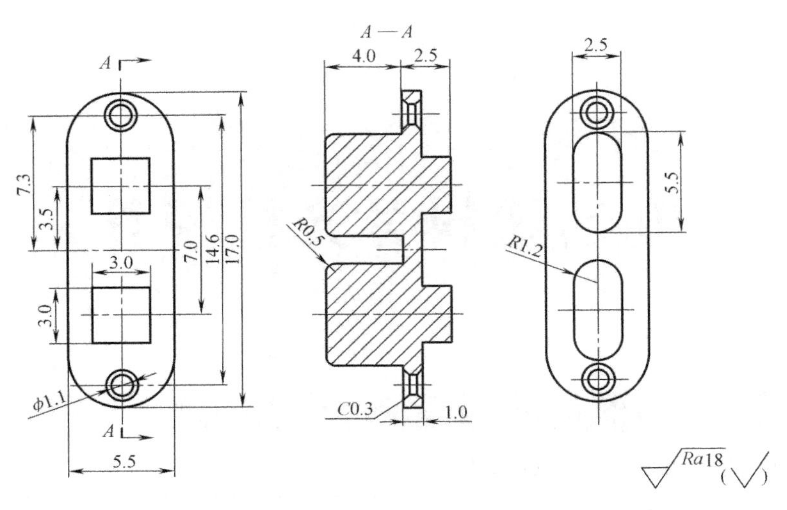

图 2-2　塑料导光柱二维零件图

的选择应根据产品的类型、使用环境及成本等诸因素来确定。对于本实例中的导光柱产品，聚苯乙烯（PS）和聚碳酸酯（PC）均能够满足其使用要求。

聚碳酸酯（PC）于 1985 年开始工业化生产，具有许多其他工程塑料所没有的优点。聚碳酸酯（PC）具有优异的冲击韧性和尺寸稳定性；高的透光率，良好的电绝缘性能和耐低温性能。可作齿轮、齿条、高级绝缘件、仪表零件及外壳等；也可用作防弹玻璃、防护面罩和安全帽等。因此该产品使用为聚碳酸酯（PC）。

2.2　项目分析

2.2.1　塑料导光柱注射模具结构的识读

1. 模具结构图（图 2-3、图 2-4）。

动画视频

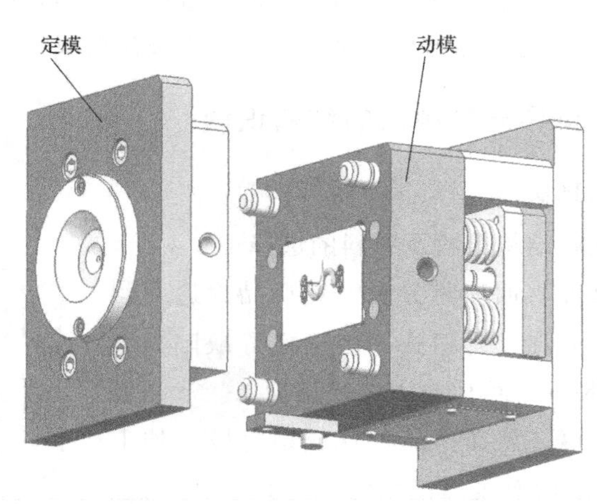

图 2-3　塑料导光柱模具三维结构图

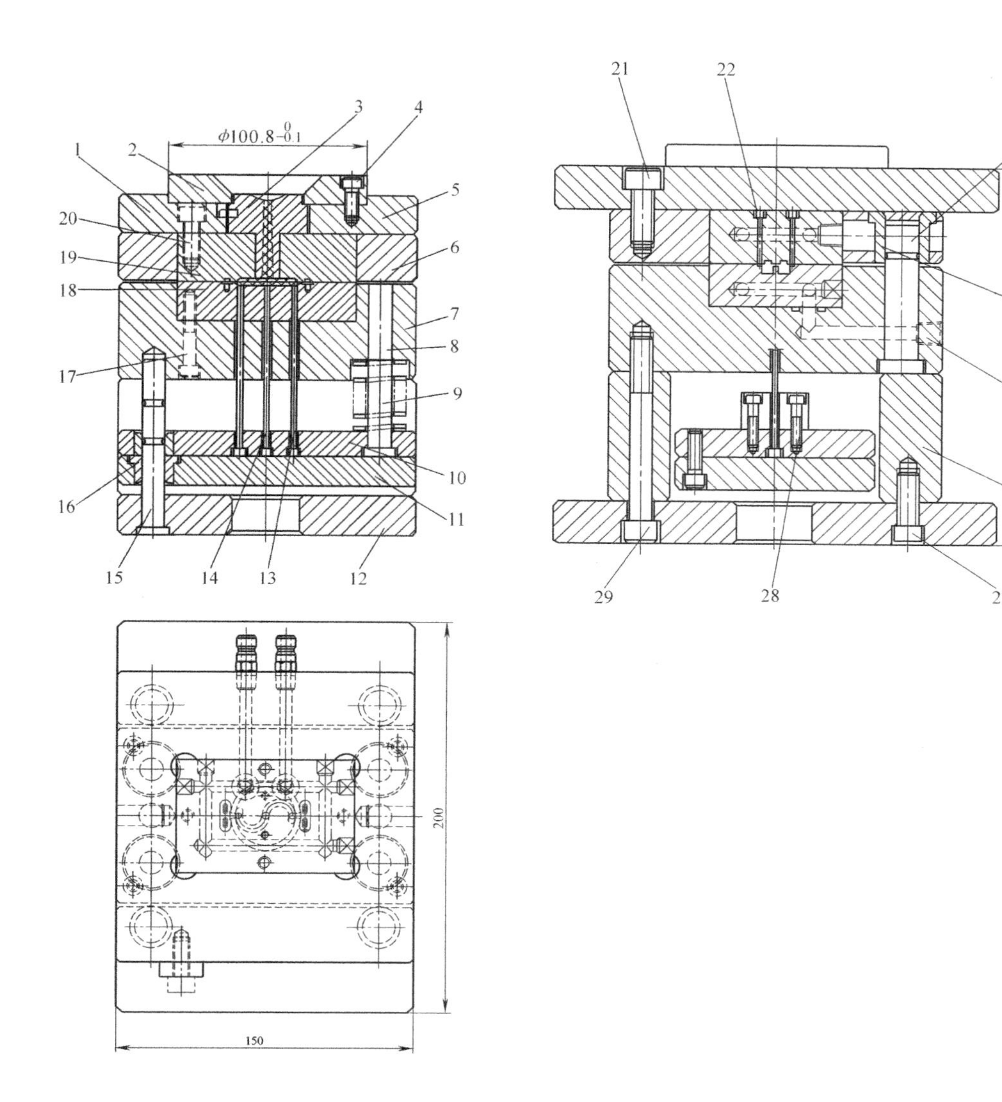

图 2-4 塑料导光柱模具二维结构图

1—定模座板 2、16、19、20、27、28、29—连接螺钉 3—定位环 4—浇口套 5—定模板 6—垫板 7、23—复位杆 8—弹簧 9—上顶出板 10—下顶出板 11—动模座板 12—顶杆 13—拉料杆 14—顶板导柱 15—顶板导套 17—下模 18—上模 21—镶针 22—导柱 24—导套 25—水嘴 26—支铁

2. 塑料导光柱模具结构方案（表 2-1）

表 2-1 塑料导光柱模具结构方案的确定

名　称	组　成
成型系统	组合式凸模、凹模成型(零件 15、17、18、2)
浇注系统	潜伏式浇口、一模成型两件(零件 3、4)
导向系统	导柱、导套(零件 22、24)
顶出系统	顶杆推出、复位杆复位(零件 7、9、10、12、13、14)
冷却系统	采用直通式冷却水道
排气系统	排气槽、配合间隙
侧向分型系统	无
支承零件	模具固定的模板(零件 1、11、16)

2.2.2 塑料导光柱注射模具下料单（表 2-2）

表 2-2 塑料导光柱模具下料单

零件名称	材料	数量	尺寸	备注
浇口套	45	1	ϕ40mm × 45mm	购标准件
定位环	45	1	ϕ100mm × 10mm	购标准件
定模座板	45	1	200mm × 150mm × 20mm	调质
定模板	45	1	150mm × 150mm × 20mm	调质
顶杆	65Mn	4	ϕ3mm × 77mm	购标准件
Z 形拉料杆	45	1	ϕ3mm × 77mm	购标准件
支脚	45	2	200mm × 60mm × 28mm	调质
动模座板	45	1	200mm × 150mm × 20mm	调质
下顶出板	45	1	150mm × 90mm × 20mm	调质
上顶出板	45	1	150mm × 90mm × 20mm	调质
复位杆	45	4	ϕ28mm × 90mm	购标准件
上模	P20		200mm × 150mm × 20mm	淬火
下模	P20	1	200mm × 150mm × 20mm	淬火
镶针	P20	2	ϕ2mm × 25mm	淬火
导柱	T10A	4	ϕ60mm × 70mm	购标准件
导套	T10A	4	ϕ30mm × 25mm	购标准件

2.3 项目实施

2.3.1 塑料导光柱模具零部件制造

1. 塑料导光柱模架零件的加工

(1) 塑料导光柱浇口套的加工（图 2-5）

1) 零件工艺性分析。

① 零件材料。45 钢，中碳钢切削加工性很好，加工中不需采取特殊工艺措施。刀具材料选择范围较大，高速钢或 YT 硬质合金均可达到要求。

② 零件组成表面。两端面、内锥孔、凹球面和外圆柱阶梯轴组成。

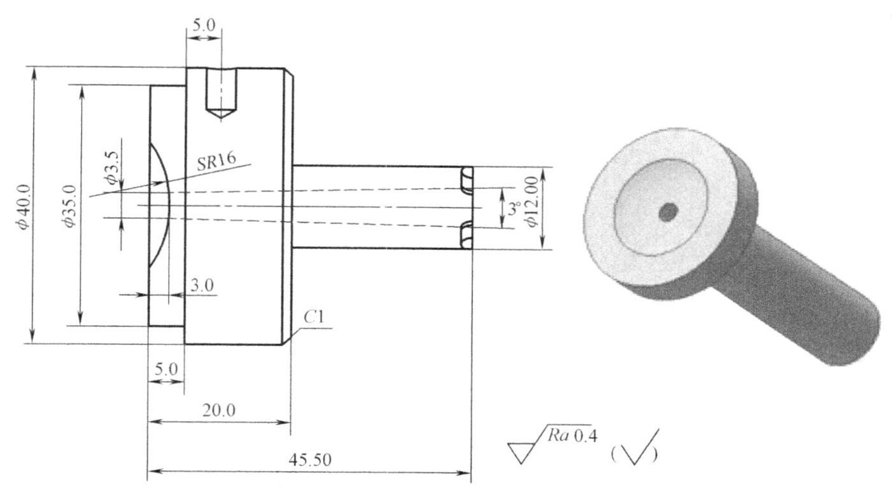

图2-5 浇口套三维和二维零件图

③ 主要技术要求分析。内锥孔与外圆同轴、与两端面垂直，表面粗糙度 $Ra0.8\mu m$，外圆柱配合表面粗糙度 $Ra1.6\mu m$，淬火处理40～45HRC。

2）零件制造工艺分析。

① 零件各表面加工方法及加工路线。

主要表面可采用的加工方法：按尺寸精度IT6，表面粗糙度 $Ra0.8\mu m$，应采用精加工。

内锥孔：钻—扩—铰（批量生产用专用刀具、单件生产用线切割加工）。

外圆：粗车—半精车—精车—磨削。

其余各面：粗车—半精车加工。

② 选择设备、工装。

设备：车削采用卧式车床、磨削采用外圆磨床、电加工采用线切割机床。

工装：零件粗加工、半精加工、精加工采用自定心盘安装。刀具有车刀、线切割加工用钼丝、麻花钻、砂轮等。量具选用有游标卡尺、千分尺和量规等。

③ 加工工艺方案，见表2-3。

表2-3 浇口套加工工艺

工序号	工序名称	工序内容的要求	加工设备	工艺装备
1	备料	备棒料，按尺寸 φ45mm×60mm 备料	锯床	
2	车削加工	车外圆 φ35mm 和 φ40mm 到尺寸、φ12m6/φ12h6 留磨削余量 0.4～0.6mm，车两端面，保长度尺寸 45.5mm+0.5mm（装配时调整），钻内孔 φ3.2mm，钻锥孔 φ3.2mm/3°内锥孔，铰锥孔 φ3.5mm/3°内锥孔尺寸，表面粗糙度 $Ra0.4\mu m$；车球面 $SR20mm$ 到尺寸，其余各面达设计要求	卧式车床	自定心卡盘、钻头、球面车刀、外圆车刀、专用车刀、专用铰刀等
3	检验	中间工序检验		游标卡尺、千分尺
4	热处理	淬火硬度达到40～45HRC		
5	磨削	以内锥孔定位磨削 φ12m6/φ12h6 达到图样要求	外圆磨床	砂轮
6	研磨	研磨 $SR20$ 及 φ3.5mm/3°内锥孔		研磨工具、研磨膏
7	检验	按照图样检验		千分尺、游标卡尺、量规

（2）塑料导光柱动模板的加工（图 2-6、图 2-7）

图 2-6　导光柱动模板三维图

a）正面　b）反面

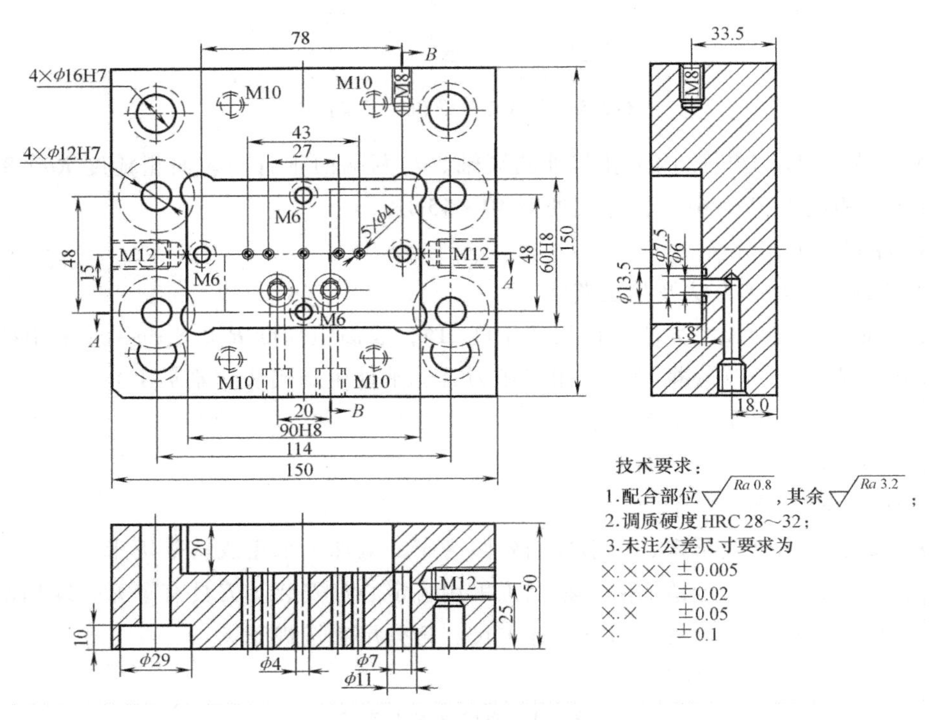

图 2-7　导光柱动模板二维零件图

1）零件工艺性分析。

① 零件材料：45 钢调质，调质后其可加工性能良好，无特殊加工要求，加工中不需采取特殊的加工工艺措施。

② 主要技术要求分析。4 × ϕ16H7 导柱孔和 4 × ϕ12H7 复位杆孔尺寸精度要求 IT7、表面粗糙度要求 *Ra*0.8μm；60H8 × 90H8 × 20mm 动模固定长方孔尺寸精度要求 IT8、表面粗糙度要求 *Ra*0.8μm，4 × ϕ16H7 导柱孔和 4 × ϕ12H7 复位杆孔与孔之间有位置精度要求。以上是零件加工中尺寸精度、表面粗糙度及位置精度要求较高的部位。因此在加工中对于精度要求较高的部位需采用数控铣（或加工中心）加工来完成。

2）零件制造工艺分析。

① 零件加工工艺路线　60H8 × 90H8 × 20mm 长方孔：铣削—高速铣。上、下平面：铣削—磨削。4 × ϕ16H7、4 × ϕ12H7：钻—扩—精铰。螺纹：钻底孔—攻螺纹完成。其余部位的平面及凹槽选择铣削加工来完成；其余部位的孔选择钻—扩—铰来完成。

② 选择设备、工装。

设备：粗铣、半精铣铣平面采用普通立式铣床，通孔及阶梯孔的加工采用数控铣床、上下平面精加工采用平面磨床加工等。

工装：压板、垫块、机用平口钳等。刀具：麻花钻、铰刀、面铣刀、立铣刀和砂轮等。量具、内径千分尺和游标卡尺等。

③ 动模板加工工艺方案（表 2-4）。

表 2-4　动模板加工工艺方案

工序号	工序名称	工序内容的要求	加工设备	工艺装备
1	备料	备 45 钢：155mm × 155mm × 55mm		
2	热处理	调质处理，硬度 28 ~ 32HRC		
3	铣削加工	粗铣、半精铣六面到 150.6mm × 150.6mm × 50.6mm（留 0.6mm 后序加工余量）	普通铣床	平面铣刀、机用平口钳等
4	磨削	磨六面 150mm × 150mm × 50mm	平面磨床	砂轮
5	数控铣	中心钻做引导孔，按图样要求钻 4 × ϕ12H7mm、4 × ϕ16H7mm 底孔；钻扩阶梯孔 4 × ϕ29mm、4 × ϕ22mm、4 × ϕ11mm；扩、精铰 ϕ12H7 及 ϕ16H7 孔。加工完成 60H8 × 90H8 × 20mm 长方孔	数控铣床	机用平口钳、各种钻头、ϕ12H7 铰刀等
6	钳工	去除尖角飞边		
7	检验	按图样要求检验		

2. 导光柱成型零部件的加工

（1）塑料导光柱上模加工（图 2-8、图 2-9）

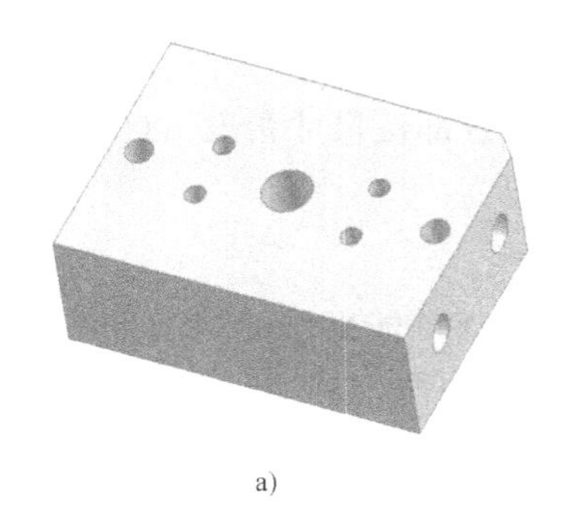

a)

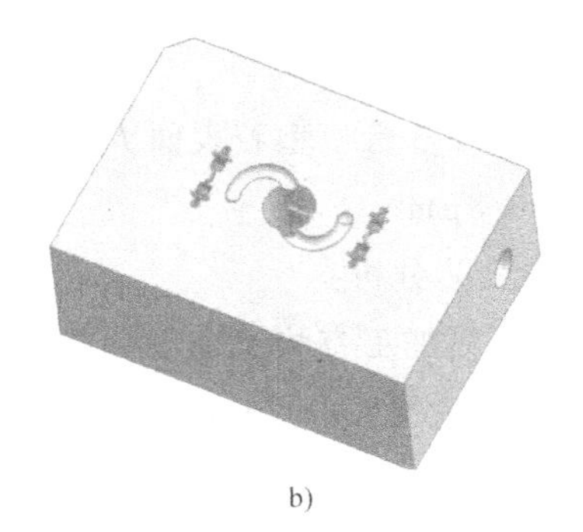

b)

图 2-8　导光柱上模三维图

a）反面　b）正面

1）零件工艺性分析　此零件为定模镶件，它与定模板组成型腔。

① 零件材料：S136（瑞典 ASSAB 牌号）模具钢，多用于透明度要求较高的塑料产品，具有极高的抛光性及综合的力学性能，淬透性高，可使较大的截面获得较均匀的硬度，表面粗糙度值低，需经过淬火处理后再进行精加工。

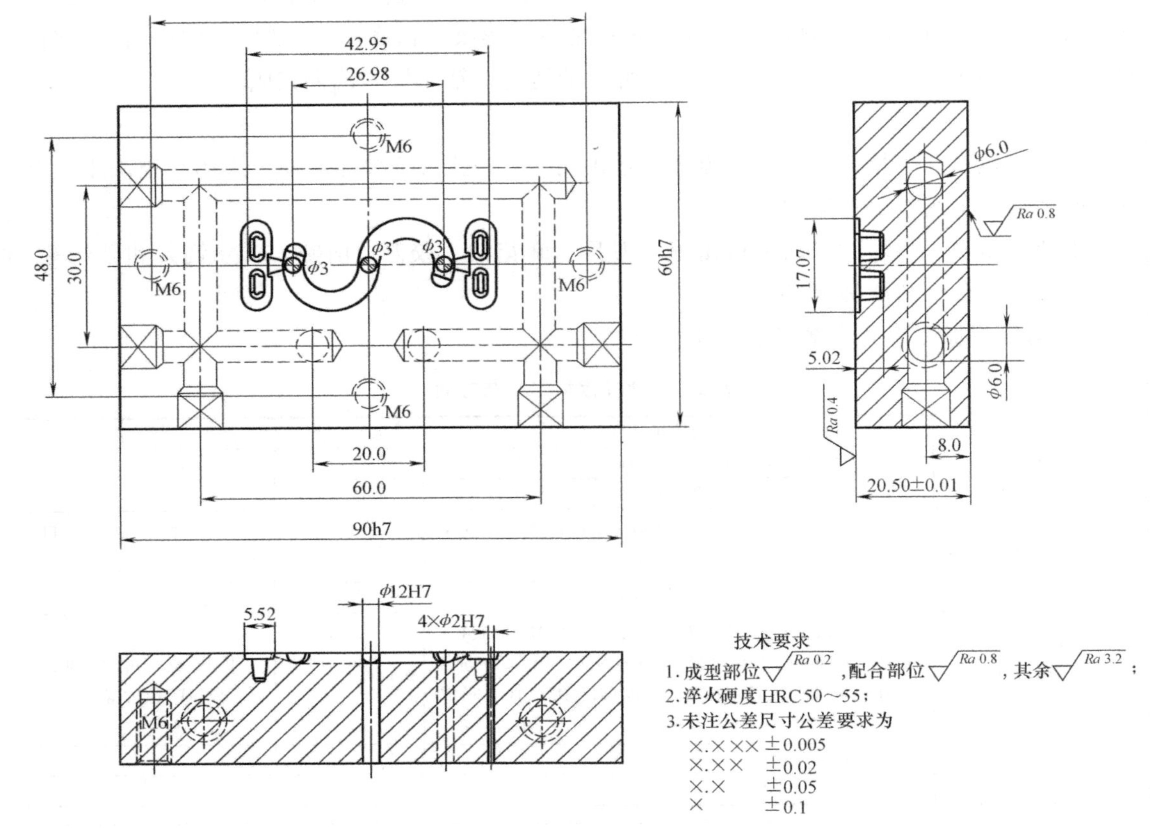

图 2-9　导光柱上模二维零件图

② 零件的主要表面：制件异形表面及流道；定模镶件与定模板配合面；ϕ12H7 与浇口套配合孔等。

③ 主要技术条件分析：型腔表面 Ra0.2μm；配合部位尺寸精度（60h7 × 90h7）为 IT7、表面粗糙度为 Ra0.8μm。

2）零件制造工艺分析。

① 零件各表面终加工方法及加工路线　主要表面可能采用的加工方法：型腔部位按尺寸精度 IT7、表面粗糙度 Ra0.2μm，应采用数控铣、研磨（或高速铣）、电火花、抛光加工即可；ϕ12H7 应采用钻—扩—精铰；外形尺寸为 60h7 × 90h7 × 25.9 应采用粗铣—半精铣—磨来保证。

其他表面终加工方法：结合表面加工及表面形状特点，其他各孔及曲面加工采用数控铣床加工完成。

综合考虑后确定各表面加工路线如下。

配合外平面（60h7 × 90h7）：铣削—磨削。制件成型面：数控铣—研磨或高速铣；电火花成形加工—研磨抛光。孔系：数控铣床钻—扩—精铰。螺纹：钻—扩—攻螺纹。

整体加工原则为：下料—粗铣—精铣—热处理—磨削—数控铣—电火花—研磨抛光。

② 选择设备、工装。设备：铣削采用立式铣床、磨削采用平面磨床设备、制件表面及孔系加工采用数控铣床。工装：零件粗加工、半精加工和精加工采用机用平口钳固定。刀具有中心钻、麻花钻头、丝锥、铰刀、面铣刀、球头铣刀、立铣刀、砂轮和电火花加工用电极等。量具选用有内径千分尺、量规和游标卡尺等。必要时可使用投影仪或三坐标测量仪测量成型部位尺寸。

③ 上模加工工艺方案：上模加工工艺方案见表2-5。

表2-5 上模加工工艺方案

工序号	工序名称	工序内容的要求	加工设备	工艺装备
1	备料	按尺寸65mm×95mm×30mm备S136料		
2	铣削加工	铣削六面61.6mm×91.6mm×27.6mm，留磨削余量	普通平面铣床	机用平口钳、面铣刀
3	平磨	磨六面至尺寸61mm×91mm×27mm，留出淬火变形的加工余量	普通平面磨床	砂轮
4	数控铣加工(粗)	粗加工流道、ϕ12H7孔及型芯台阶孔，钻—扩螺纹底孔、加工M8螺纹孔	数控铣床	
5	热处理	淬火，硬度50～55HRC		
6	平磨	磨六面至尺寸60mm×90mm×25.9mm	普通平面磨床	
7	数控铣加工	钻—扩—铰ϕ10H7孔至尺寸及型芯孔4×ϕ2H7到尺寸并保证位置度要求和表面粗糙度要求，铣流道至尺寸	数控铣床	机用平口钳、各种钻头、ϕ10H7铰刀、球头铣刀、立铣刀、M8丝锥等
8	电火花加工	加工成型部位	电火花成形机	机用平口钳、五角星电极
9	研磨	研磨异形型腔及分型面达表面粗糙度要求		研磨工具、研磨膏
10	检验	按图样要求进行检验		游标卡尺、内径千分尺等

(2) 下模加工工艺方案（图2-10、图2-11）

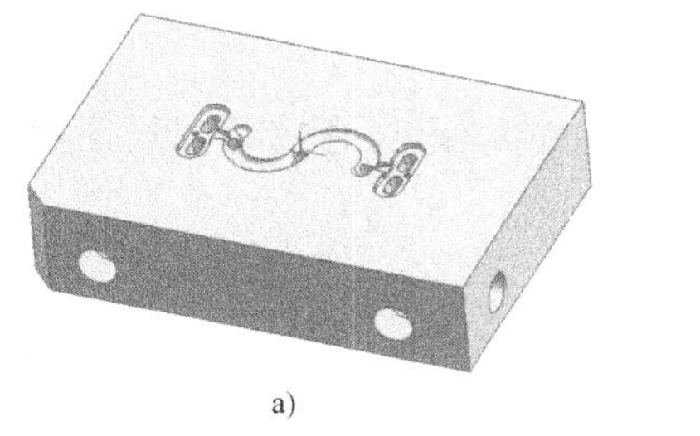

a)

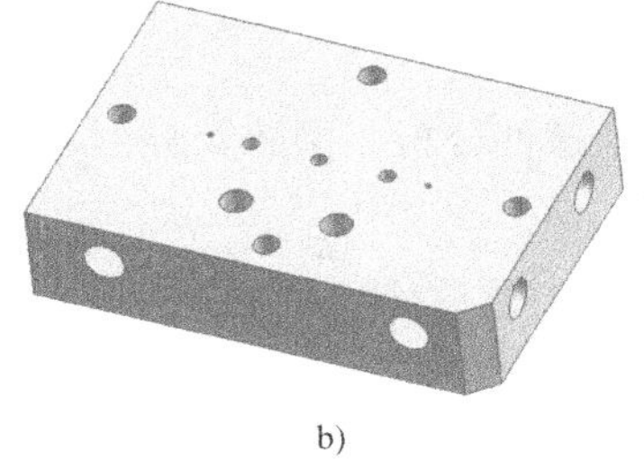

b)

图2-10 导光柱下模三维图

a) 反面 b) 正面

1) 零件工艺性分析。此零件为动模镶件与动模板组成为一个整体型腔。

① 零件材料。S136（瑞典ASSAB牌号）模具钢，多用于透明度要求较高的塑料产品，具有极高的抛光性及综合性能，淬透性高，可使较大的截面获得较均匀的硬度，表面粗糙度值低，需经过淬火处理后再进行精加工。

② 零件组成表面。平面、孔系、成型面、流道、浇口和螺纹等。

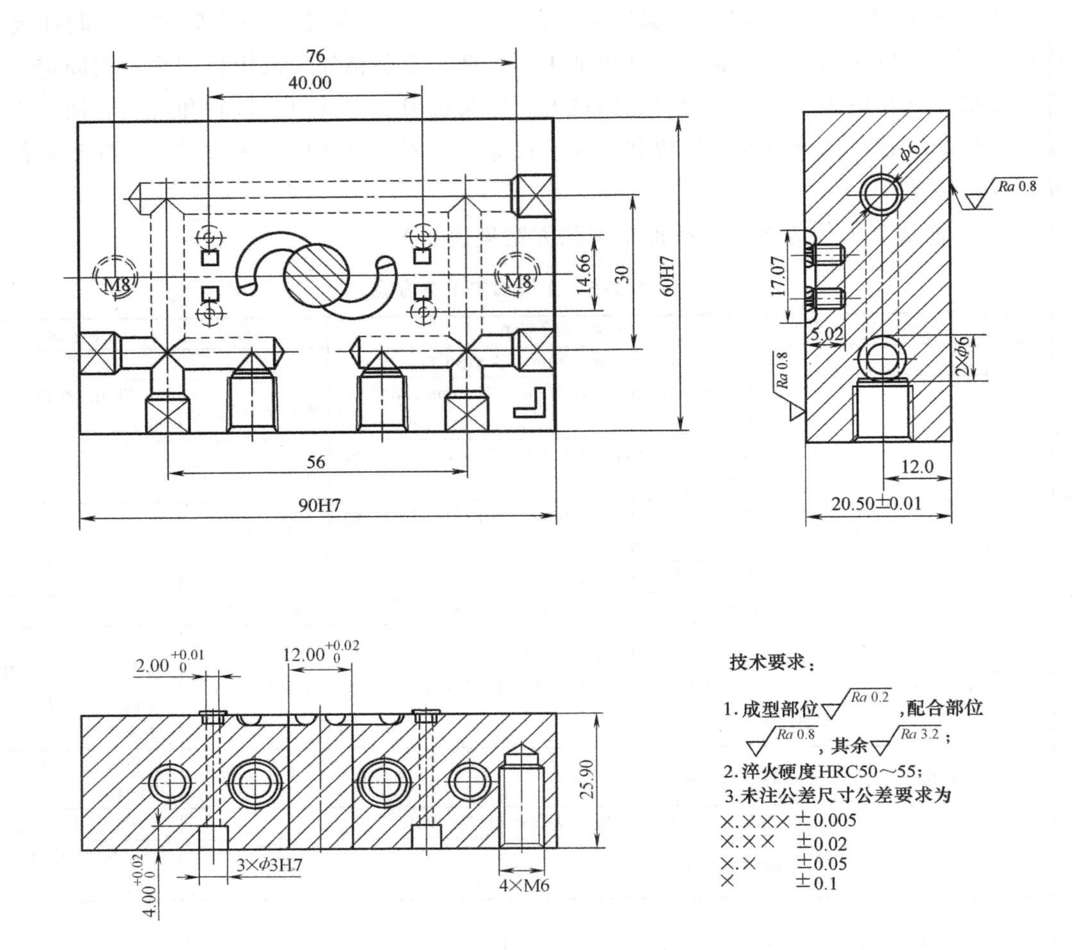

图 2-11　导光柱下模二维零件图

③ 主要技术条件分析。型腔及异形凹面表面 $Ra0.2\mu m$；配合部位尺寸精度 IT7、表面粗糙度 $Ra0.8\mu m$。

2）零件制造工艺设计。

① 零件各表面终加工方法及加工路线。由于型腔部位按尺寸精度 IT7、表面粗糙度 $Ra0.2\mu m$，因此采用数控铣、研磨（或高速铣）、电火花、抛光加工即可；ϕ6H7 应采用钻—扩—精铰；外形尺寸为 90h7 × 60h7 × 20.50 ± 0.01 应采用粗铣—半精铣—磨来保证。配合外平面：铣—磨。制件成型面及凹面：数控铣—研磨或高速铣及电火花加工。孔系：数控铣床钻—扩—精铰。螺纹：钻—扩—攻螺纹。

② 选择设备、工装。设备：铣削采用立式铣床，磨削采用平面磨床设备，制件表面及孔系加工采用数控铣床及电火花机床。工装：零件粗加工、半精加工和精加工采用机用平口钳固定。刀具：中心钻、麻花钻、丝锥、铰刀、面铣刀、球头铣刀、立铣刀、砂轮和电火花加工用电极等。量具：内径千分尺、量规和游标卡尺等。必要时可使用投影仪或三坐标测量

仪测量成型部位尺寸。

③ 下模加工工艺方案：下模加工工艺方案见表 2-6。

表 2-6 下模加工工艺方案

工序号	工序名称	工序内容的要求	加工设备	工艺装备
1	备料	按尺寸 95mm×65mm×25mm 备 S136 料		
2	铣削加工	铣六面 61.6mm×91.6mm×22.1mm，留磨量	立铣床	机用平口钳、面铣刀
3	平磨	磨六面至尺寸 61mm×91mm×21.5mm，留出淬火变形的加工余量	平面磨床	砂轮
4	数控铣加工（粗）	流道粗加工及成型部分去除余量，钻—扩顶杆孔 3×ϕ3H7、螺纹底孔、加工 M8 螺孔	数控铣床	
5	热处理	淬火，硬度 50～55HRC		
6	平磨	磨六面至尺寸 60mm×90mm×20.5mm	平面磨床	
7	数控铣加工	钻—扩—铰 3×ϕ3H7 顶杆孔至尺寸并保证位置度要求和表面粗糙度要求，铣浇道及浇口至尺寸	数控铣床	机用平口钳、各种钻头、ϕ10H7 铰刀、球头铣刀、立铣刀、M8 丝锥等
8	电火花加工	加工成型部位	电火花成形机	机用平口钳、电极
9	研磨	研磨异形型腔及分型面达表面粗糙度要求		研磨工具、研磨膏
10	检验	按图样要求进行检验		游标卡尺、内径千分尺等

2.3.2 塑料导光柱模具的装配

1. 塑料导光柱装配的预备知识

（1）装配方法　模具的装配工作通常可分为部装和总装。部装指将各零件装配成一个完整或不完整的机构；总装指将所有零件和部件装配成模具。

在模具的装配过程中有两种连接方式，即可拆卸连接和不可拆卸连接。拆卸时不需要损坏任何零件，且拆卸后还能够重新组装在一起的连接称为可拆卸连接，如螺纹连接和销连接等。不可拆卸连接指在连接后不可拆卸，如需拆卸，必定损坏某些零件的连接，如铆接和过盈连接等。

在装配过程中，应注意组合件积累误差的调整，提高重要接触面的贴合精度。在进行零件修磨时，应尽可能保持原加工尺寸的基准面。

（2）校正与调整　校正是对模具中零部件相互位置进行找正、找平及相应调整的工艺过程。调整指对模具零件相互位置的具体调节过程，它除了与校正工作相配合，完成模具零部件位置精度的调节外，还用于调节模具中各运动副之间的间隙。

（3）检验与试模调整　模具装配完成后，要检查螺钉及销等有无遗漏，是否拧紧。模具开合时，要重点检查导柱、导套、顶出机构、滑块及抽芯机构的动作是否灵活、平稳，复位情况如何，锁紧装置是否可靠，脱模机构是否正常、灵活，冷却水道是否漏水等。经过试验，当上述动作确实准确无误后，方可上机试模。

在试模过程中，若出现问题，应仔细分析，并进行适当修整，然后重新组装、试模，直到合格为止。

2. 定模部分的装配

（1）模具装配要求

1）装配时需要测量定模板型孔侧面的垂直度，因为定模板的型孔通常采用铣床加工。当型孔较深时，孔侧面会形成斜度；通过测量实际尺寸，可按定模板型孔的实际斜度加工修整定模配合段的斜度，以保证定模嵌入后的配合精度。

2）用螺钉紧固后，定模嵌入定模板后分型面的平行度不大于0.05:300。

3）定模应高于定模板0.3～0.5mm，以保证合模时分型面的有效贴合。

（2）模具装配步骤　模具定模组装图如图2-12所示。

动画视频

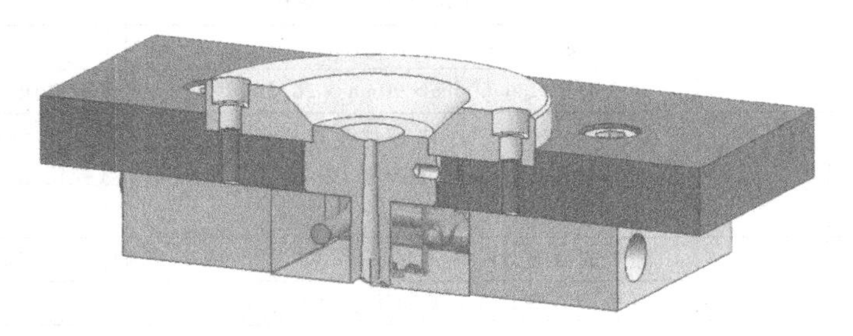

图2-12　定模组装剖视图

1）测量定模开框与定模的实际尺寸，测量上模板台阶深度及定模板装配好定模嵌件的总高度以确定浇口套的长度尺寸，浇口套的台肩尺寸要高出0.02mm，以便用定位圈将其压紧；浇口套的下表面也须高出定模嵌件0.02mm，以保证该表面总装时压紧密封，防止塑料的泄漏。

2）将浇口套嵌入上模与定模板，保证H7/m6的过渡配合。

3）定模板为通孔，将上模嵌入定模板内，定模板型孔与定模保证H7/m6的过渡配合。

4）上模板与定模板组装，保证其同轴度，螺钉紧固。

5）定位圈装入上模板，保证其同轴度，螺钉紧固。

3. 动模部分的装配

（1）模具装配要求

1）动模型芯（后模镶针）的装配。测量镶针的实际工作尺寸与动模孔配合的尺寸，以保证配合精度H7/m6。可将动模配合孔倒角，防止镶针尾部台阶不清根。保证工作部分的高度尺寸。压入定模嵌件后用百分表测量镶针的垂直度。

2）顶杆的装配。测量顶杆孔的实际尺寸与顶杆的配合，一般采用H8/f8的配合，防止间隙过大时溢料，间隙过小时拉伤。装配时将顶杆孔入口处倒角，以便顶杆插入时顺利。检查测量顶杆尾部台阶厚度，以及推板固定板的沉孔深度，保证装配后留有0.05mm的间隙。否则应进行修整。将顶杆及复位杆装入顶杆固定板，用螺钉将推板和顶杆固定板紧固起来。检查及修磨顶杆及复位杆端面。模具闭合后，顶杆端面应高出型腔底面0.05mm。复位杆端面应低于分型面0.02～0.05mm。将台阶厚度尺寸一致的限位钉装于下模板，将顶出部分和动模部分组合装配。当顶出部分复位与限位钉接触时，如果顶杆端面低于型腔顶出部分的表

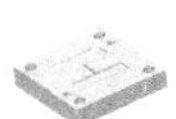

面，则需调整限位钉尺寸（增加高度），如高出型腔顶出部分的表面则需降低限位钉的高度。

（2）模具装配步骤　模具动模组装图如图2-13所示。

1）型芯装入下模内。

2）下模装入动模板内。

3）将组装好的顶出部分与动模部分组装。

4）装入限位钉。

5）装下模，螺钉紧固。

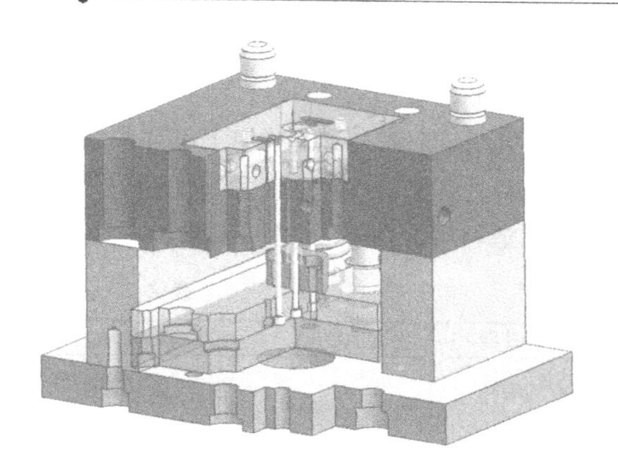

图2-13　动模组装剖视图

2.3.3　塑料导光柱注射模具的安装与调试

1. 塑料导光柱模具安装的准备工作

（1）了解模具工作过程　在开模力的作用下，模具沿分型面分开，动模部分向后移动，注射机中心顶杆碰到下顶出板，带动顶出系统向前运动，顶杆顶出塑件，完成一次脱模。

（2）选择正确模具安装方式　模具采用人工吊装，压板固定方法，从注射机的侧面装入，在拉杆上垫上两块木板，将模具慢慢滑入。在安装过程中要注意保护合模装置和拉杆，防止拉杆表面拉伤、划伤。

2. 塑料导光柱模具调试工艺

（1）模具厚度的调整　在手动状态下进行模具厚度的调整，按开模键，使设备的移动模板开启到停止的位置；按调模键，根据模具在设备上的情况（合严否），按调模进键或按调模退键调整模具厚度值。锁模力在自动调整操作方式，按开、关键，输入锁模力即可。

（2）模具顶出距离的调整　模具开模，设备在手动状态下操作，按顶针键显示顶针设定画面，设定顶针移动的调整参数，此套模具的顶出距离，按顶针前进、后退键调整达到模具要求。

（3）喷嘴的调整　在手动状态下，按功能选择键，显示射座前后移动画面。首先射座快进，当接近模具的定位环时，射座慢进，对正，保证注射熔料准确进入模具的浇注系统。

3. 塑料导光柱的注射工艺参数的确定

塑料导光柱注射模具所选用的制件材料为聚碳酸酯，简称PC。

（1）原料准备　PC吸水率高。在成型加工前，采用120℃热风循环，时间为2～4h。

（2）成型工艺

1）注射温度。PC树脂热稳定性较好，熔融温度范围宽，加工温度为260～320℃。若制件壁厚较厚，可使用稍低于下限的熔化温度。

2）注射压力。制件的注射压力需根据材料成型特性以及制件的复杂程度、浇口形式与位置及产品壁厚等因素综合考虑。在实际生产中，PC的注射压力一般取70～120MPa；背压为10～25MPa。

3）成型周期。在 PC 的注射成型过程中，模具一般需要通入冷却水，所以制件的成型周期通常比较短，为 20s。

4）模具温度　在成型加工过程中，模具温度直接影响制件的外观及收缩率。为了取得良好的成型效果，在注射成型过程中，模具温度一般应控制在 70～90℃范围内。

4. 塑料导光柱模具调试工艺卡（表 2-7）

表 2-7　塑料直尺模具调试工艺卡

申请日期		组长		技工	
模具编号		模具名称	塑料直尺注射模具	型腔数	2
材料	PC	数量		试模次数	1
计划完成时间				实际完成时间	
试模内容	调整模具工艺参数				
机台号	7	机台吨位	55t	每模质量	
浇口单重/g		产品单重/g		周期时间/s	
冷却时间/s	15	射出时间/s	5.0	保压时间/s	2.0

温度/℃											
烘干		射嘴	65	一段	275	二段	270	三段	265	四段	250

射出				位料				合模				开模			
	压力	速度	位置		压力	速度	位置		压力	速度	位置		压力	速度	位置
一段	160	55	15	一段	120	75	15	一段				一段			
二段	155	42	25	二段	120	75	25	二段				二段			
三段				松退	30	30	+2	三段				三段			
四段				背压				四段				四段			

顶出方式：　□停留　□多次　操作方式：　□半自动　□全自动
冷却方式：　□冷却水　□常温水　□模温机：温度（　℃）
试模结果
保压：50　40　30 20　15　10 1.5　1.5　1.5

2.4 模具结构

塑料导光柱注射模具属于单分型塑料注射模具，一模成型两件，模具比较复杂，模具外形尺寸为 150mm×200mm×176mm，适用于小型注射机生产，塑件生产效率高，模具成本低。

2.4.1 塑料导光柱成型零部件设计

1. 塑料导光柱分型面的确定（图 2-14、图 2-15）

2. 塑料导光柱模具型腔结构设计的基础知识

塑料导光柱模具型腔应选用组合式型腔。组合式型腔指模具型腔是由两个以上的零部件组合而成。按组合方式不同，组合式型腔分为整体嵌入式、局部嵌入式、大面积嵌入式和四面拼合组合式。

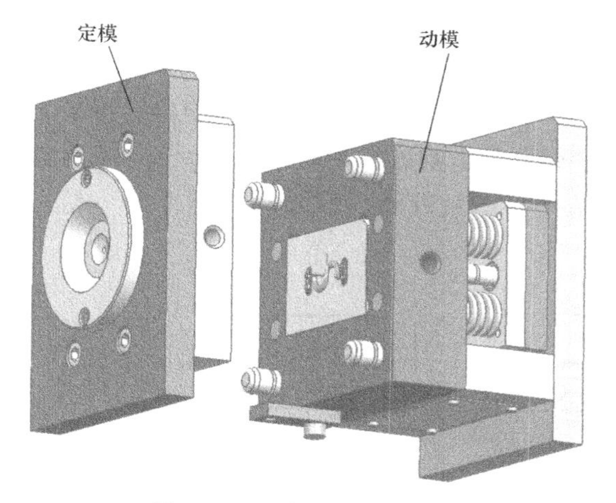

图 2-14　塑料导光柱分型面

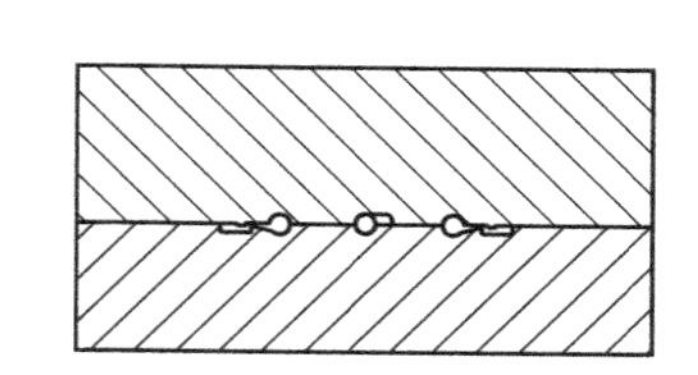

图 2-15　塑料导光柱分型面模具结构图

(1) 整体嵌入式（图 2-16）　特点：便于加工，特别在多型腔模具中，单个加工后装入模板，这种结构加工效率高，装拆方便，容易保证同轴度要求及尺寸精度要求。便于部分成型件进行热处理。图 2-16a、c、d 是无肩式，凹模嵌入模板内用螺钉与垫板固定。图 2-16b 为通孔台肩式即凹模带有台肩，从下面嵌入模板，再用垫板或螺钉紧固。如果凹模镶件是回转体，而型腔是非回转体，则需要用销或键止转定位。图 2-16b、d 采用销定位，结构简单，装拆方便；图 2-16a 是不通孔式，凹模嵌入固定板后直接用螺钉固定，在固定板下部设计有装拆凹模用的工艺通孔，这种结构可省去垫板。

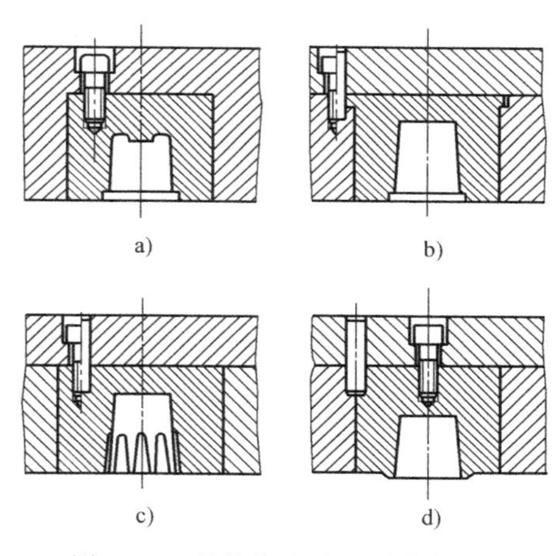

图 2-16　整体嵌入式型腔结构图

(2) 局部嵌入式（图 2-17）　局部嵌入式凹模如图 2-17 所示。为了加工方便或由于型腔的某一部分容易损坏，需要经常更换，应采用局部嵌入的办法。图 2-17a 所示的异形凹模，先钻周围的小孔，再在小孔内嵌入芯棒并加工成大孔，加工完毕后把这些芯棒取出，调换型芯嵌入小孔与大孔组成型腔；图 2-17b 所示凹模内有局部凸起，可将此凸起部分单独加工，再把加工好的镶块利用圆形槽嵌入在圆形凹模内；图2-17c是利用局部嵌入的办法加工

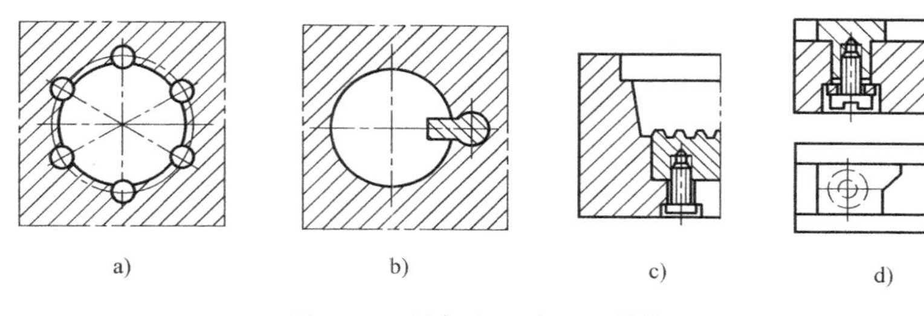

图 2-17　局部嵌入式型腔结构图

圆环形凹模；图 2-17d 是在凹模底部局部镶嵌。

（3）底部嵌入式（图 2-18） 为了机械加工、研磨、抛光、热处理方便，形状复杂的型腔底部可以设计成嵌入式，如图 2-18 所示。图 2-18a 所示的嵌入形式比较简单，但结合面磨平、抛光时应仔细，以保证接触处的锐棱不能带圆角影响脱模，此外，底板还应有足够的厚度以免因变形而楔入塑料；图 2-18b、c 的结构制造稍麻烦，但圆柱形配合面不易楔入塑料。

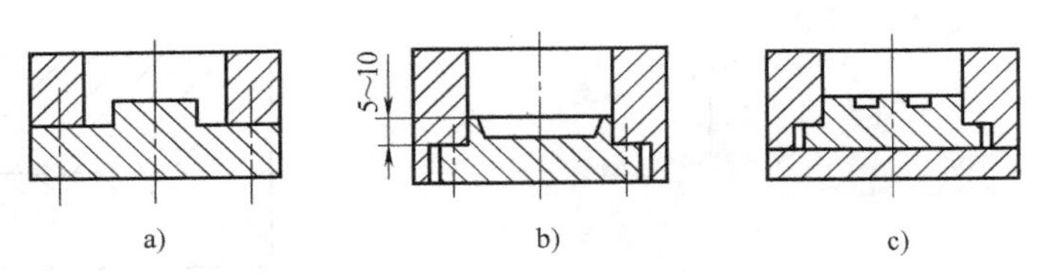

图 2-18 底部嵌入式型腔结构图

（4）侧壁镶拼式型腔（图 2-19） 侧壁镶拼式凹模如图 2-19 所示，这种结构便于加工和抛光，但是一般很少采用，这是因为在成型时，熔融的塑料成型使螺钉和销产生变形，从而达不到铲平技术要求指标。图 2-19 中螺钉在成型时将受到拉伸力，螺钉和销在成型时将受到剪切力。

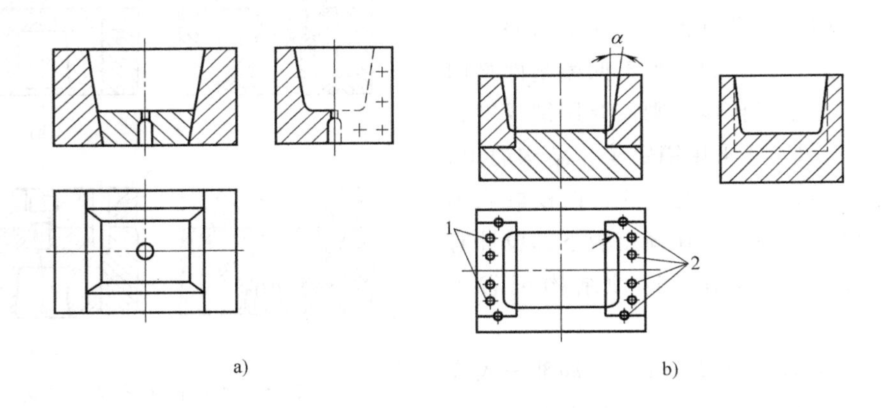

图 2-19 侧壁镶拼式型腔结构图

（5）四壁拼合式型腔（图 2-20） 大型和形状复杂的凹模，可以把它的四壁和底板分别加

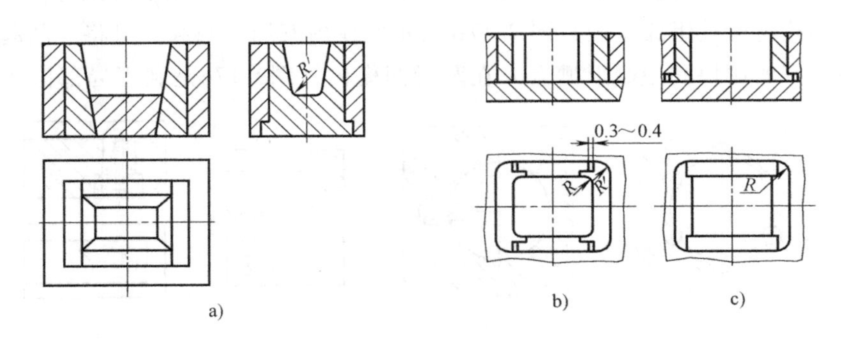

图 2-20 四壁拼合式型腔结构图

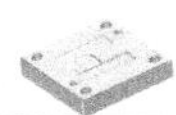

工经研磨后压入模套中，如图 2-20 所示。在图 2-20 中为了保证装配的准确性，侧壁之间采用锁扣连接，连接处外壁留有 0.3 ~0.4mm 的间隙，以使内侧接触紧密，减少塑料的挤入。

综上所述，采用组合式型腔，可简化复杂型腔的加工工艺，减少热处理变形，拼合处设有间隙有利于排气，便于模具的维修，节省贵重的模具钢。为了保证组合后型腔尺寸的精度和表面粗糙度，减少塑件上的镶拼痕迹，要求镶块的尺寸公差和几何公差等级较高，组合结构必须牢固，镶块的机械加工工艺性要好。因此，选择合理的组合镶拼结构是非常重要的。

3. 塑料导光柱模具型腔数量及排列方式的确定

塑料导光柱制件选用一模两件，矩形平衡式布置（图 2-21）。

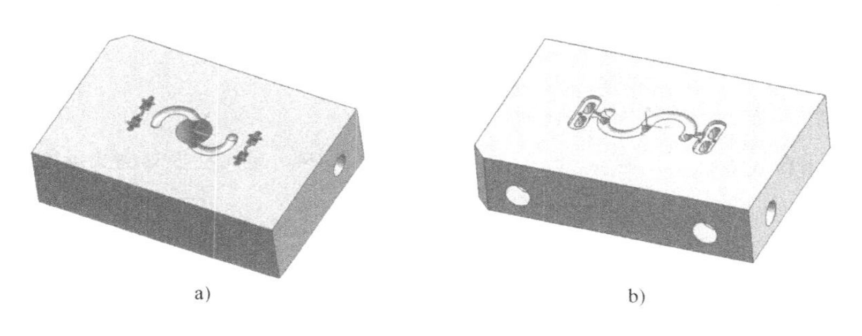

图 2-21　塑料导光柱制件型腔布置立体图
a）上模仁　b）下模仁

4. 塑料导光柱模具成型方案的确定

塑料直导光柱制件选用一模两件，组合式凸、凹模成型方法（图 2-22）。

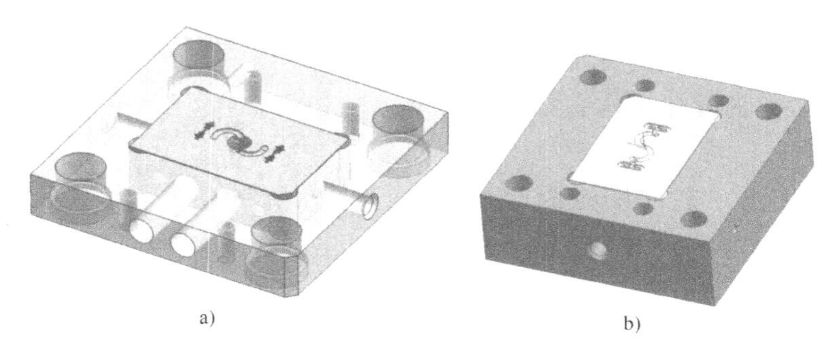

图 2-22　塑料导光柱制件型腔布置立体图
a）定模成型图　b）动模成型图

2.4.2　塑料导光柱模具浇注系统的设计

1. 塑料导光柱浇注系统设计的基础知识

塑料导光柱选用的是潜伏式浇口，因浇口与塑件分离时受到剪切作用，又称其为隧道式或剪切浇口（图 2-23）。潜伏浇口可看作是侧浇口的变异形式，不但具有点浇口的全部优点，而且模具结构简单，不需复杂的三板式结构。

优点：位置选择范围广。可选择塑件的外表面或侧表面，又可选择端面或背面。开模时即实现自动切断浇口凝料，并提高注射效率，易实现自动化。

缺点：必须选用专用的铣削工具。

2. 塑料导光柱浇注系统的确定

其结构采用潜伏式浇口，半圆形分流道，挠形分流道，Z 形拉料杆结构设计（图 2-24）。

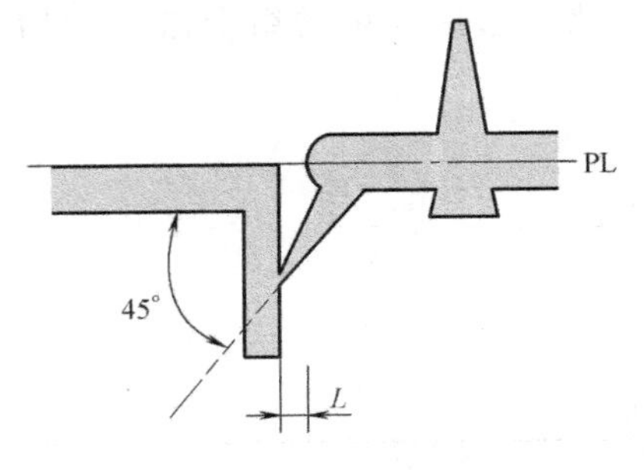

图 2-23　潜伏式浇口

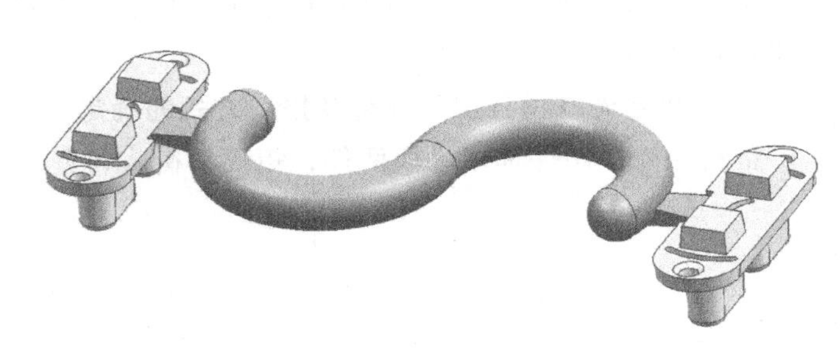

图 2-24　导光柱模具浇注系统结构

2.4.3　塑料导光柱冷却系统的设计

塑料导光柱的型芯、型腔冷却系统采用直通式的冷却方式，冷却水孔布置简单，便于加工（图 2-25）。

2.4.4　塑料导光柱模具顶出系统的设计

1. 塑料导光柱顶出系统设计的基础知识

模具闭合时，顶出元件需恢复原位，但其端部一般不直接接触定模的分型面，必须依靠复位机构。常用的复位机构有复位杆复位和弹簧复位。

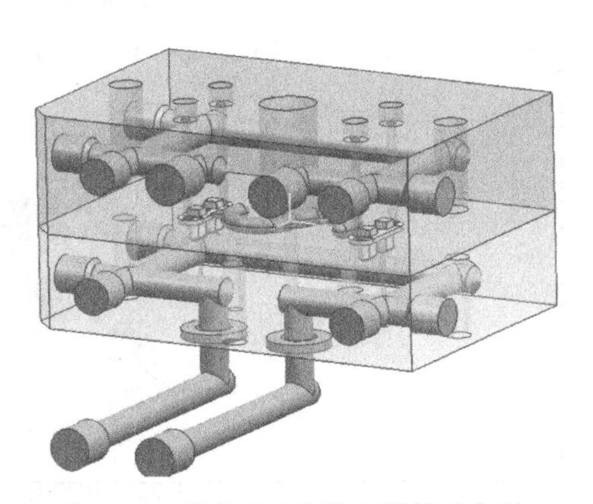

图 2-25　塑料导光柱冷却系统示意图

（1）复位杆复位　复位杆的设计要点如下

① 位置对称、分布均匀。

② 间距、跨度及直径尽量大。

③ 安装时应低于动模分型面 0.25mm。

④ 与动模的配合精度为 H7/f7，配合长度尽量大。

⑤ 其固定方式同顶杆。

⑥ 材料为 T10A，头部淬硬 54～58HRC。

（2）顶杆兼作复位杆（图 2-26）。

2. 塑料导光柱顶出系统的确定

塑料导光柱注射模具采用顶杆顶出，回程杆复位机构（图 2-27）。

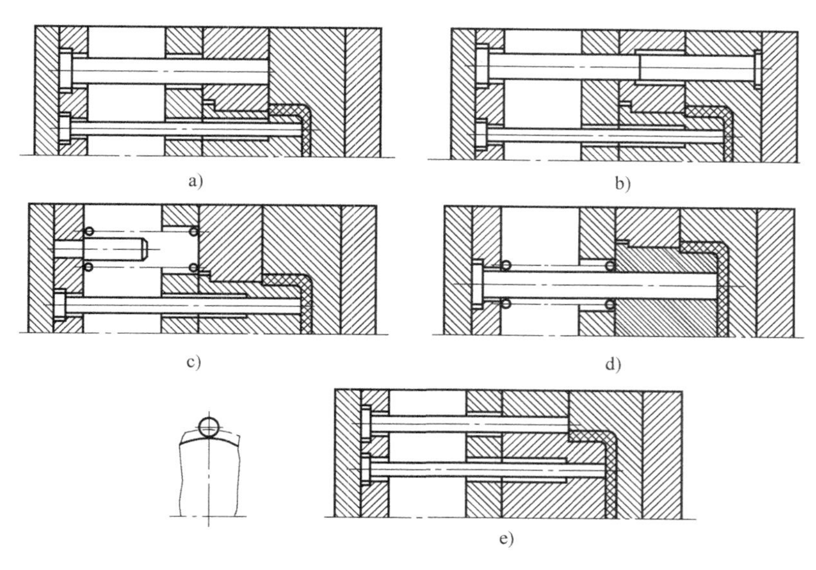

图 2-26 复位机构的形式

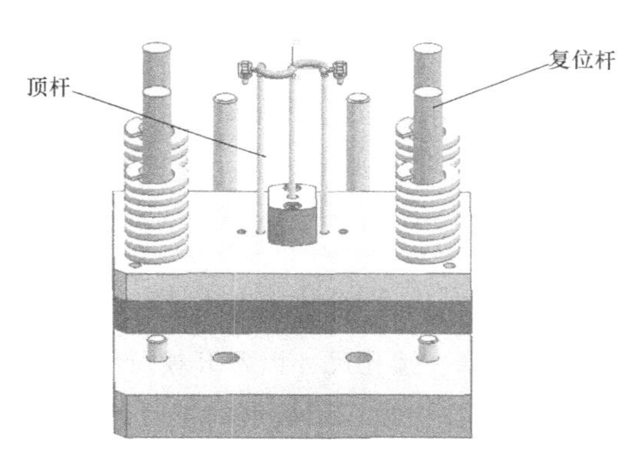

图 2-27 塑料导光柱顶出系统

2.5 练一练

1. 填空题

1）注射模由________、________、________、________、________、________和________组成。

2）塑料成型设备主要有________、________和________。

3）注射机按其外形可分为________、________和________三种。

4）注射机的标准中，大多以________来表示注射机的主要特征。

5）将注射模具分为单分型面注射模、双分型面注射模等是按__________分类的。

2. 判断题

1）为了将成型时塑料本身挥发的气体排出模具，常常在分型面上开设排气槽。（ ）

2）当模具浇口处的熔体冻结时，便可卸压。（　）

3. 问答题

1）选用注射机时应进行哪些校核？

2）单分型面注射模和双分型面注射模在结构上的主要区别是什么？

答　案

1. 填空题

1）注射模由成型部件、浇注系统、导向部件、推出机构、调温机构、排气系统和支承零部件组成。

2）塑料成型设备主要有注射机、压力机和挤出机。

3）注射机按其外形可分为卧式注射机、立式注射机和角式注射机三种。

4）注射机的标准中，大多以注射量/合模力来表示注射机的主要特征。

5）将注射模具分为单分型面注射模、双分型面注射模等是按注射模的总体结构特征分类的。

2. 判断题

1）为了将成型时塑料本身挥发的气体排出模具，常常在分型面上开设排气槽。（√）

2）当模具浇口处的熔体冻结时，便可卸压。（√）

3. 问答题

1）选用注射机时应进行哪些校核？

答：最大注射量的校核；注射压力的校核；锁模力的校核；安装部分尺寸校核，包括喷嘴尺寸、定位圈尺寸、最大最小模厚、螺孔尺寸以及开模行程和顶出机构的校核。

2）单分型面注射模和双分型面注射模在结构上的主要区别是什么？

答：单分型面注射模具只有一个分型面，塑件和塑料都要在这一个分型面上取出，分型面的两边是动模板和定模板，所以单分型面注射模又称为两板式模具。双分型面注射模有两个分型面，分别用来取出塑件和凝料。模具被两个分型面分成动模板、中间板和定模板，因此称三板式注射模。

项目3 制造塑料齿轮模具

【学习目标】

1. 掌握塑料齿轮模具的制造工艺。
2. 了解模具设计与制造的基础步骤。
3. 掌握塑料注射模具的试模工艺。
4. 学会塑料齿轮模具结构设计。
5. 能够完成塑料齿轮模具装配图的绘制。

3.1 项目任务

3.1.1 任务单

1）绘制塑料齿轮的三维和二维制品图样。

2）识读塑料齿轮模具装配图，初步掌握塑料注射模具的结构组成。

3）拆画塑料齿轮模具零件图，编写零件加工工艺卡。

4）掌握塑料齿轮所选用材料的性能，进而了解塑料材料的性能。

5）完成塑料齿轮注射模具的试模过程，掌握注射成型工艺。

3.1.2 塑料齿轮制品图的结构识读

1. 塑料齿轮制品图（图3-1）

2. 塑件齿轮结构分析及材料的选择

（1）塑件制件表面质量分析　图3-1中产品为传动齿轮，齿形表面及中心孔为工作面，不能有脱模斜度，以保证传动的平稳。齿形为渐开线齿形，产品成型后表面不能有气纹、缩痕或划伤等缺陷。中心孔与传动轴配合，需保证尺寸精度。

（2）塑件材料的选择　圆形管类属于组装中的配合零件，要求有一定的耐磨性。在常用塑料中适用的材料为聚酰胺（又称尼龙，PA）和聚甲醛（POM）。

尼龙是工程塑料中发展最早的品种，目前在机械工业中已广泛应用。常用的尼龙品种有尼龙 6、尼龙 66、尼龙 11 和尼龙 610 等。尼龙的摩擦因数小，自润滑性能好，耐磨性高，其耐磨性优于青铜；有较高的强度和韧性；耐油，耐腐蚀，耐一般溶剂。缺点是吸湿性较大，热膨胀系数大，抗蠕变性能较差。常用于制造耐磨、耐蚀的机器零件，如齿轮、轴承和蜗轮等，也可用来制作高压耐油密封圈、输油管道和储油容器等。

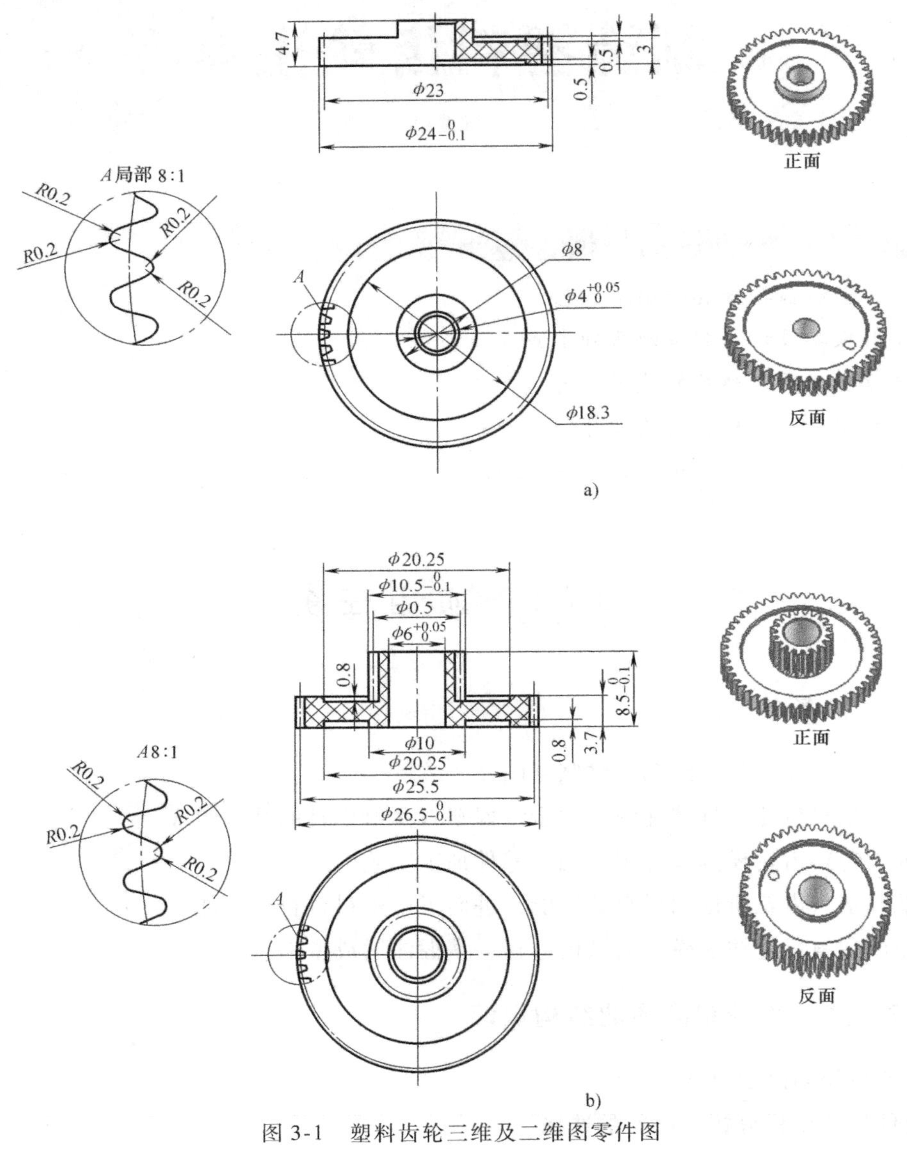

图 3-1　塑料齿轮三维及二维图零件图

a）齿轮 1　b）齿轮 2

聚甲醛是继尼龙之后发展的优良工程塑料，其原料单一，来源丰富，价格低廉。聚甲醛有良好的综合力学性能，疲劳性能、自润滑性能和耐磨性能优良。缺点是热稳定性差，易燃，耐候性差。常用来制造不允许使用润滑油的齿轮、轴承及衬套等。根据材料的价格、性能及零件的使用要求，圆形管类的材料确定为材料为 POM。

3.2　项目分析

3.2.1　塑料齿轮注射模具结构的识读

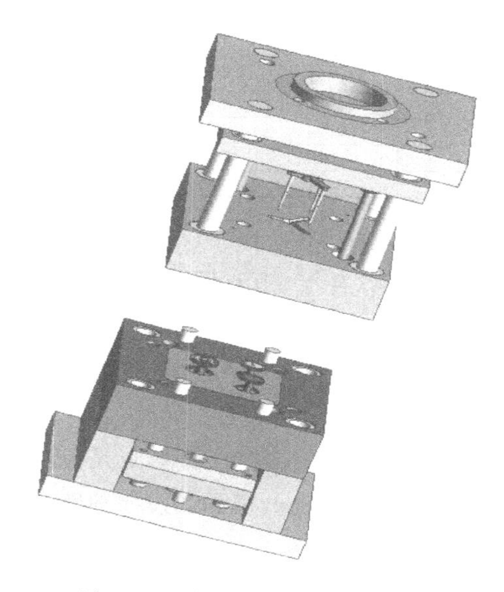

图 3-2　塑料齿轮模具三维结构图

1. 模具结构图（图 3-2）

2. 塑料模具结构方案确定（表 3-1）

表 3-1　塑料齿轮模具结构方案的确定

名称	组　成
成型系统	组合式凸模、凹模成型(零件 30、33、34)
浇注系统	点浇口、一模成型三件
导向系统	导柱、导套、(零件 2、22、35、36)
顶出系统	顶杆推出、复位杆复位(零件 20、24)
冷却系统	采用直通式冷却水道
排气系统	排气槽、配合间隙
侧向分型系统	无
支承零件	模具固定的模板(零件 1、11、10、17、19)

3.2.2　塑料导光柱注射模具下料单（表 3-2）

表 3-2　塑料导光柱模具下料单

零件名称	材料	数量	尺寸	备注
定模座板	45	1	250mm×230mm×30mm	
限位导柱	T10A	4	ϕ10mm×130mm	购标准件
浇口套	45	1	ϕ30mm×40mm	购标准件
浇口板	45	1	115mm×110mm×20mm	
定模板	45	1	115mm×110mm×28mm	
垫板	45	1	115mm×110mm×60mm	
下顶出板	45	1	120mm×230mm×20mm	

（续）

零件名称	材料	数量	尺寸	备注
上顶出板	45	1	120mm×230mm×15mm	
顶管	T10A	3	ϕ8mm×100mm	50～55HRC
导套	T10A	4	ϕ30mm×70mm	购标准件
复位杆	T10A	4	ϕ15mm×100mm	购标准件
限位拉杆	T10A	4	ϕ10mm×105mm	购标准件
上模	P20	1	115mm×110mm×28mm	50～55HRC
下模	P20	1	115mm×110mm×28mm	50～55HRC
镶件1	P20	2	ϕ36mm×30mm	
镶件2	P20	1	ϕ40mm×26mm	
镶件3	P20	1	ϕ22mm×20mm	
顶板导柱	T10A	4	ϕ12mm×110mm	购标准件
顶板导套	T10A	4	ϕ20mm×35mm	购标准件
动模座板	45	1	250mm×230mm×25mm	

3.3 项目实施

3.3.1 塑料齿轮模具零部件的制造

塑料齿轮注射模具根据其塑件的特点，其加工的难点是齿轮槽的加工，在加工中选用慢走丝线切割机床，一次装夹加工成形，保证凸模和凹模同轴度，以及两齿形的中心距，保证塑件的质量。

1. 凸模零件加工工艺

（1）零件工艺性分析　塑料齿轮定模镶件如图3-4和图3-5所示，它与定模板组成成型零件。

1）零件材料。P20模具钢的综合力学性能好、淬透性高，可使较大的截面获得较均匀的硬度，有很好的抛光性能，表面粗糙度值低，预先硬化处理，经机加工后可直接使用，必要时可表面渗氮处理。

2）零件的主要表面。定模镶件与定模板配合面，镶件上有两个ϕ3mm的锥孔。

3）主要技术条件分析。型腔表面$Ra0.2\mu m$；配合部位尺寸精度（110h7×115h7）尺寸精度IT7、表面粗糙度$Ra0.8\mu m$。

（2）零件制造工艺分析

1）零件各表面终加工方法及加工路线。主要表面可能采用的加工方法：凸模部位按尺寸精度IT7、表面粗糙度$Ra0.2\mu m$，应采用数控铣加工；ϕ3H7采用电火花加工；外形尺寸为110h7×115h7×26.17±0.1mm应采用粗铣—半精铣—磨来保证。整体加工原则为：下料—粗铣—精铣—磨削—数控铣—电火花—研磨。

2）选择设备、工装。设备：铣削采用立式铣床，磨削采用平面磨床设备，制件表面凸台采用数控铣床加工，锥孔采用电火花加工。工装：零件粗加工、半精加工和精加工采用机用平口钳固定。刀具：中心钻、麻花钻、丝锥、铰刀、面铣刀、球头铣刀、立铣刀和砂轮等。量具：内径千分尺、量规和游标卡尺等。

3）上模加工工艺方案。上模加工工艺方案见表3-3。

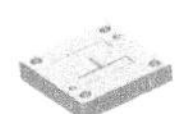

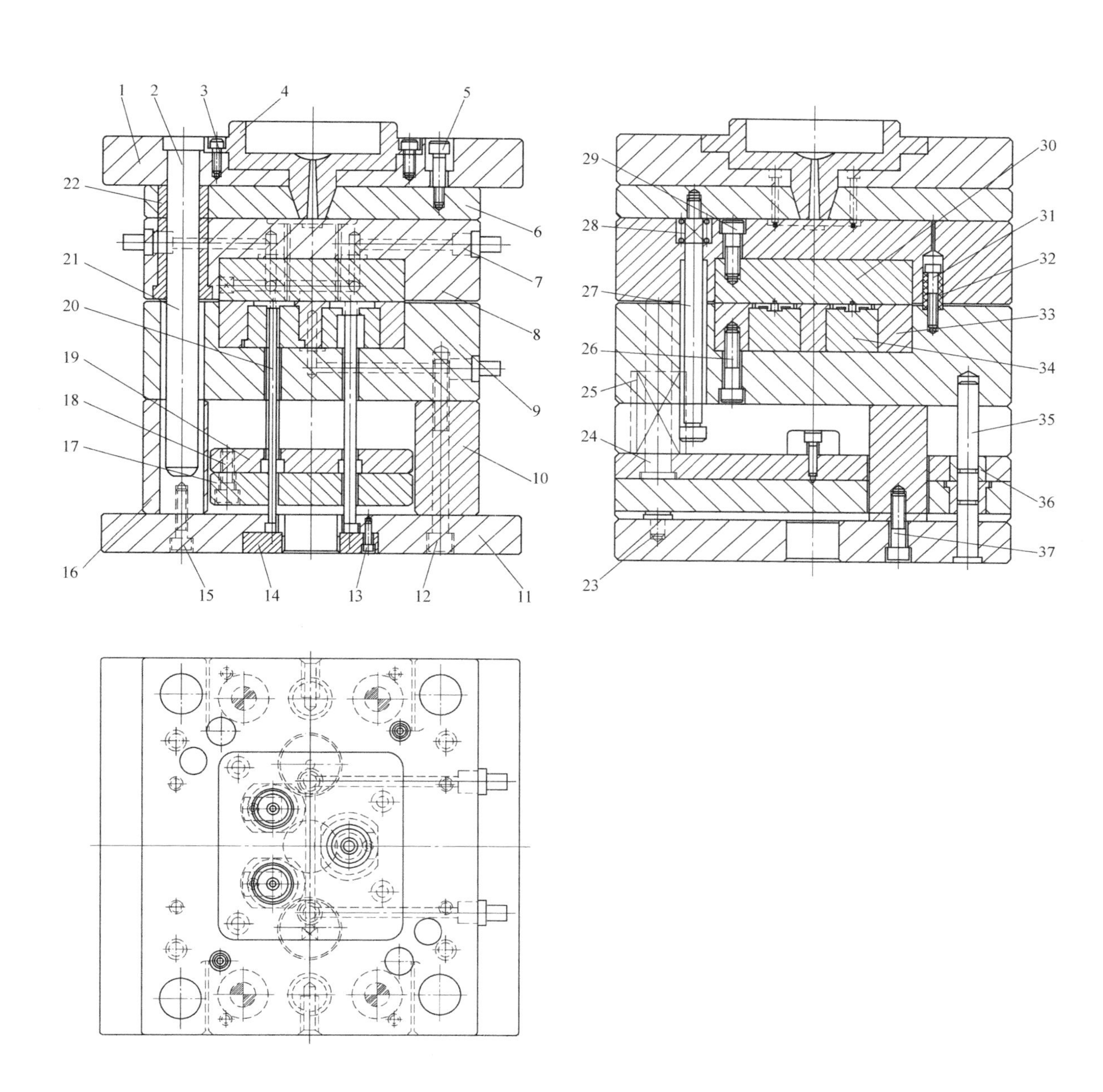

图3-3 塑料齿轮模具二维结构图

1— 定模座板 2—限位导柱 3、12、13、15、18、26、29、37—连接螺钉 4—浇口套 5—限位钉 6—浇口板 7—水嘴 8—定模板 9—垫板 10—垫铁 11—动模座板 14—垫块 16—垫板 17—下顶出板 19—上顶出板 20—顶管 21—限位 导柱 22—导套 23—挡钉 24—复位杆 25—弹簧 27—限位拉杆 28—弹簧 30—上模 31—螺钉 32—橡胶 33—下模 34—镶件 35—顶板导柱 36—顶板导套

表 3-3 上模加工工艺方案

工序号	工序名称	工序内容的要求	加工设备	工艺装备
1	备料	按尺寸 130mm×118mm×28mm 备 P20 料		
2	铣削加工	铣削六面至尺寸 110mm×115mm×26.17mm，留 0.2mm 后序加工余量	普通平面铣床	机用平口钳、面铣刀
3	平磨	磨六面 110h7×115h7×26.17±0.1mm 至尺寸，保证表面粗糙度要求	普通平面磨床	砂轮
4	数控铣加工	铣凸台留后序研磨	数控铣床	机用平口钳
5	电火花加工	加工 ϕ3H7 锥孔	电火花成型机	机用平口钳、五角星电极
6	研磨	研磨凸台达表面粗糙度要求		研磨工具、研磨膏
7	检验	按图样要求进行检验		游标卡尺、内径千分尺等

2. 凹模零件（下模）**加工工艺**（图 3-6、图 3-7）

（1）零件工艺性分析 此零件为动模镶件（下模）与动模板组成为一个整体型腔。

1）零件材料。P20 模具钢的综合力学性能好、淬透性高，可使较大的截面获得较均匀的硬度，有很好的抛光性能，表面粗糙度值低，预先硬化处理，经机加工后可直接使用，必要时可表面渗氮处理。

2）零件组成表面。平面、螺纹孔和齿轮槽面等。

3）主要技术条件分析。型腔齿轮槽面表面的表面粗糙度 $Ra0.4\mu m$；配合部位尺寸精度 IT7，表面粗糙度 $Ra0.8\mu m$。

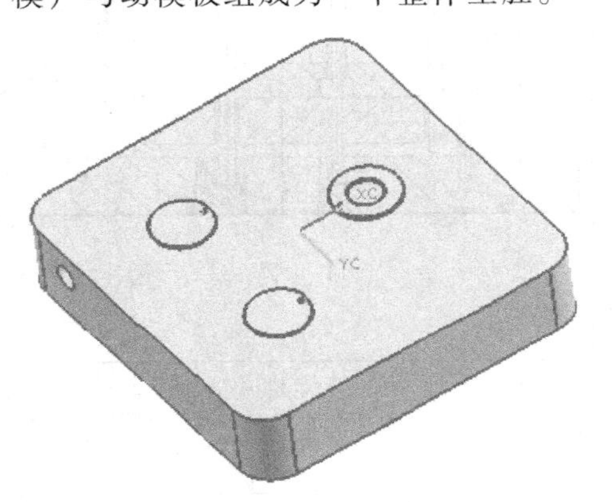

图 3-4 塑料齿轮定模镶件

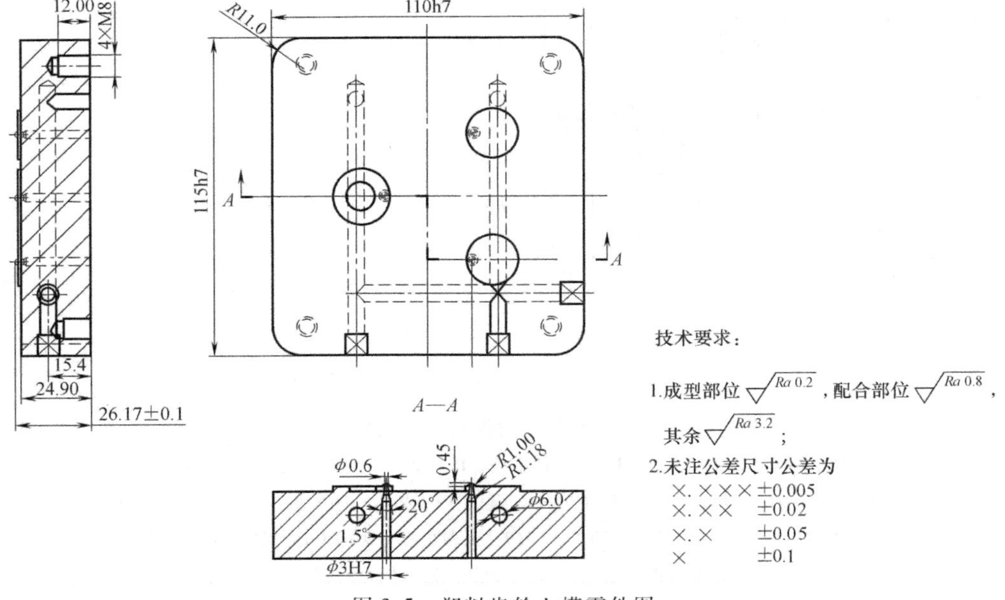

图 3-5 塑料齿轮上模零件图

（2）零件制造工艺设计

1）零件各表面终加工方法及加工路线。主要表面可能采用的加工方法：型腔部位按尺寸精度 IT7、表面粗糙度 $Ra0.4\mu m$，应采用 CNC 慢走丝机床；M8 螺纹孔应采用钻—扩孔—攻螺纹；外形尺寸为 $115m6\times110m6\times28.50^{+0.02}_{0}$ mm 应采用粗铣—半精铣—磨来保证。整体加工原则为：下料—粗铣—精铣—磨削—数控铣—电火花线切割—研磨。

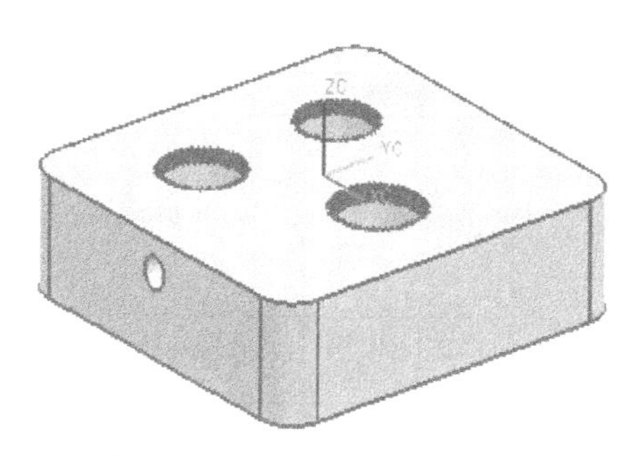

图 3-6 塑料齿轮下模三维图

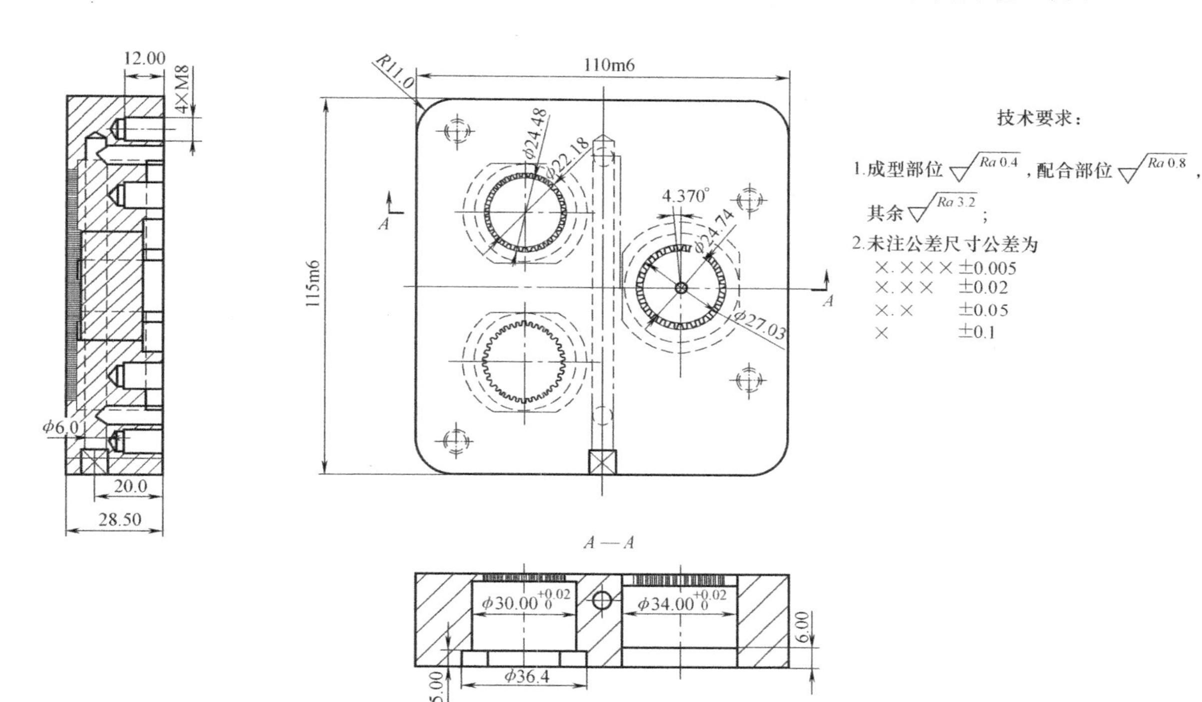

图 3-7 塑料齿轮下模零件图

2）选择设备、工装。设备：锥孔采用 CNC 慢走丝机床，磨削采用平面磨床设备，螺纹孔采用立式钻床。工装：零件粗加工、半精加工和精加工采用机用平口钳固定。刀具：中心钻、麻花钻、丝锥、铰刀、面铣刀和砂轮等。量具：内径千分尺、量规和游标卡尺等。

3）下模加工工艺方案。下模加工工艺方案见表 3-4。

表 3-4 下模加工工艺方案

工序号	工序名称	工序内容的要求	加工设备	工艺装备
1	备料	按尺寸 113mm×118mm×35mm 备 P20 料		
2	铣削加工	铣削六面 110m6mm×115m6mm×(28.5±0.1mm)，留 0.4mm 后序加工余量	普通平面铣床	机用平口钳、面铣刀
3	平磨	磨六面 110mm×115mm×28.5mm 至尺寸，保证表面粗糙度要求	普通平面磨床	砂轮
4	钳工	去毛刺，攻螺纹		

（续）

工序号	工序名称	工序内容的要求	加工设备	工艺装备
5	数控铣加工	加工 ϕ30mm、ϕ30mm、ϕ36.4mm 台阶及穿丝孔	数控铣床	机用平口钳、各种钻头、ϕ30H7 铰刀、球头铣刀、立铣刀、M8 丝锥等
6	线切割加工	加工型面，加工齿轮槽达图样要求	慢走丝线切割机床	
7	研磨	研磨凹面达表面粗糙度要求		研磨工具、研磨膏
8	检验	按图样要求进行检验		游标卡尺、内径千分尺等

3. 镶件的加工工艺

（1）镶件 1 的加工工艺（图 3-8）

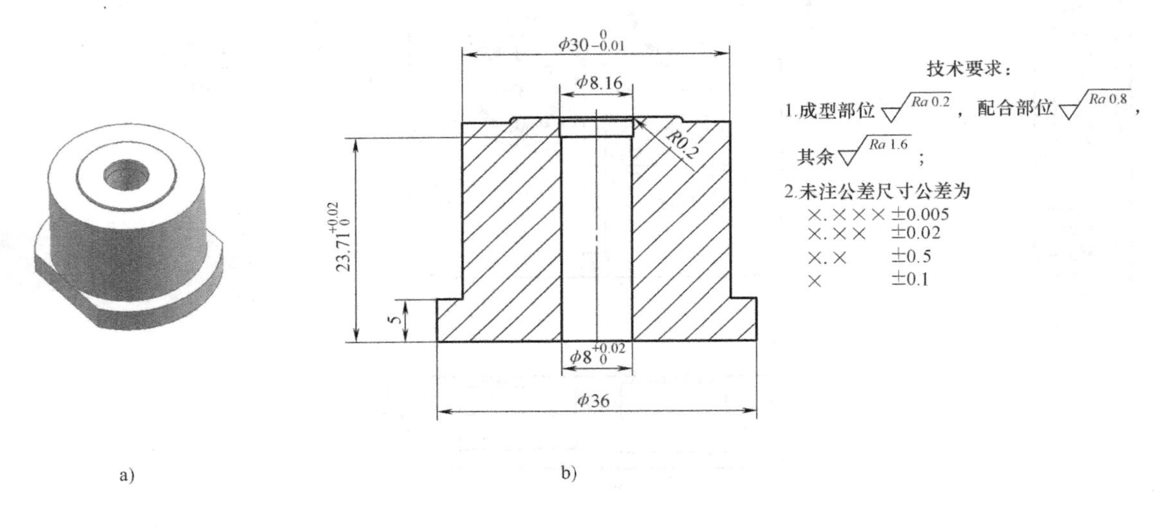

图 3-8　镶件 1 的零件图及三维图

1）零件工艺性分析。此零件为动模镶件 1 与动模板组成为一个整体型腔，成型齿轮 1，一模两件。

零件材料：P20 模具钢的综合力学性能好、淬透性高，可使较大的截面获得较均匀的硬度，有很好的抛光性能，表面粗糙度值低，预先硬化处理，经机加工后可直接使用，必要时可表面渗氮处理。

主要技术条件分析：型腔齿轮槽面表面的表面粗糙度 $Ra0.8\mu m$；配合部位尺寸精度 IT7、表面粗糙度 $Ra0.8\mu m$。

2）零件制造工艺设计。

① 零件各表面终加工方法及加工路线。主要表面可能采用的加工方法：成型部位按尺寸精度 IT7、表面粗糙度 $Ra0.2\mu m$，应车床和外圆磨床；端面成型采用电火花加工，台面采用铣床加工；钳工钻—扩—铰。整体加工原则：下料—粗车—精车—磨削—铣床—电火花加

工—研磨。

② 选择设备、工装。设备：成型面采用电火花机床加工，铣削采用铣床，磨削采用外圆磨床，螺纹孔采用立式钻床。工装：零件粗加工、半精加工和精加工采用自定心卡盘固定。刀具：中心钻、麻花钻头、丝锥、铰刀、车刀、面铣刀和砂轮等。量具：内径千分尺、量规和游标卡尺等。

③ 镶件1加工工艺方案。镶件1加工工艺方案见表3-5。

表3-5 镶件1加工工艺方案

工序号	工序名称	工序内容的要求	加工设备	工艺装备
1	备料	圆棒料，尺寸 $\phi40mm\times35mm$P20 料		
2	车削加工	车 $\phi40mm$ 至大台阶 $\phi36mm\times5mm$，其余车至尺寸 $\phi30.05mm\times26mm$，留余量 0.3~0.4mm	车床	外圆车刀
3	外圆磨	磨 $\phi30.05mm$ 至尺寸，保证表面粗糙度要求	外圆磨床	砂轮
4	铣床加工	铣两平面达图样尺寸，保证两面平行	铣床	机用平口钳、面铣刀
5	电火花加工	电加工 $\phi8.16mm$ 的端面	电火花机床	
6	钳工	钻孔 $\phi7.6mm$，铰孔达尺寸 $\phi8{}^{+0.02}_{0}mm$	立式钻床	各种钻头
7	检验	按图样要求进行检验		游标卡尺、内径千分尺等

（2）镶件2的加工工艺（图3-9）

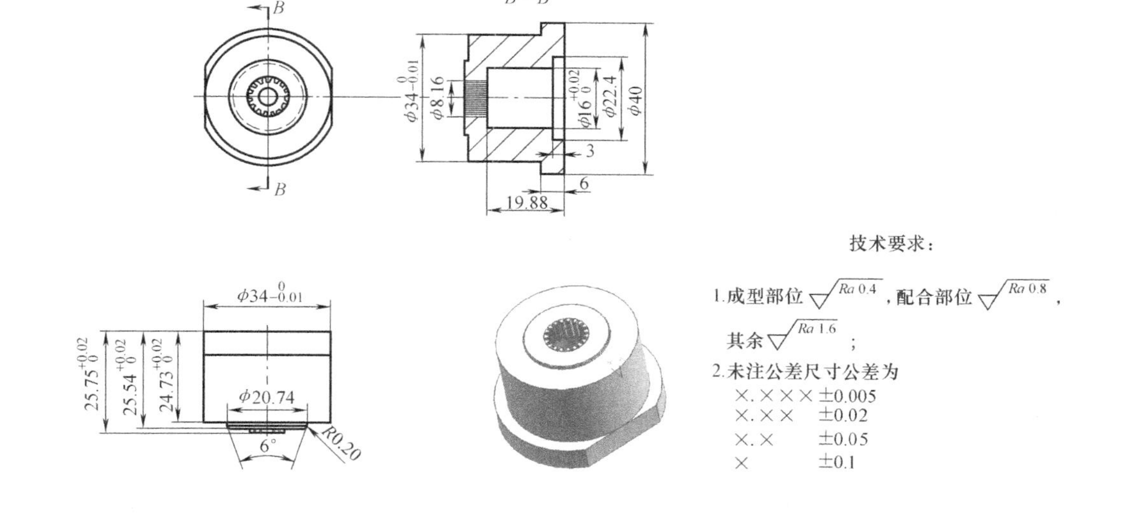

图3-9 镶件2的零件图

1）零件工艺性分析。此零件为动模镶件2与镶件3及动模板组成为一个整体型腔，成型齿轮2，一模一件。

零件材料：P20模具钢，淬火处理。

主要技术条件分析：型腔齿轮槽面表面 $Ra0.4\mu m$；配合部位尺寸精度IT7、表面粗糙度 $Ra0.8\mu m$。

2）零件制造工艺设计。

① 零件各表面终加工方法及加工路线。主要表面可能采用的加工方法：成型部位尺寸精度 IT7，表面粗糙度 $Ra0.4\mu m$，应车床和外圆磨床；型面采用电火花线切割加工，台面采用铣床加工，端面采用电火花加工；钳工钻—扩—铰。整体加工原则：下料—粗车—精车—磨削—铣床—电火花线切割—电火花加工—研磨。

② 选择设备、工装。设备：端面采用电火花机床加工，槽面采用电火花线切割机床加工，铣削采用铣床，磨削采用外圆磨床，螺纹孔采用立式钻床。工装：零件粗加工、半精加工和精加工采用自定心卡盘固定。刀具：车刀、面铣刀和砂轮等。量具：内径千分尺、量规和游标卡尺等。

③ 镶件 2 加工工艺方案镶件 2 加工工艺方案见表 3-6。

表 3-6　镶件 2 加工工艺方案

工序号	工序名称	工序内容的要求	加工设备	工艺装备
1	备料	圆棒料，尺寸 ϕ42mm×40mmP20		
2	车削加工	车 ϕ42mm 至大台阶 ϕ40mm × 6mm，其余车至 ϕ34.05mm 留余量 0.3～0.4mm	车床	外圆车刀
3	车削加工	车孔 ϕ22.4mm×3mm，车孔 ϕ16mm×19.88mm	车床	内圆车刀
4	外圆磨	磨 ϕ34.05mm 至尺寸，保证表面粗糙度要求	外圆磨床	砂轮
5	铣床加工	铣两平面达图样尺寸	铣床	机用平口钳、面铣刀
6	电火花线切割	加工型面，加工齿形达图样要求	电火花线切割机床	
7	电火花加工	电加工 ϕ8.16mm 端面	电火花机床	
8	检验	按图样要求进行检验		游标卡尺、内径千分尺等

（3）镶件 3（图 3-10）的加工工艺

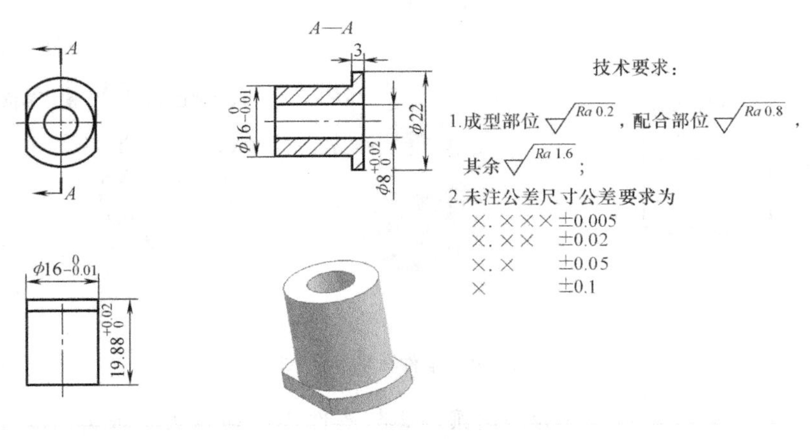

图 3-10　镶件 3 的零件图

1）零件工艺性分析。此零件为动模镶件 3 与镶件 2 及动模板组成的整体型腔，成型齿轮 2，一模一件。

零件材料：P20 模具钢，其综合力学性能好、淬透性高，可使较大的截面获得较均匀的

硬度，有很好的抛光性能，表面粗糙度值低，预先硬化处理，经机加工后可直接使用，必要时可表面渗化处理。

主要技术条件分析：型腔齿轮槽面表面的表面粗糙度 $Ra0.2\mu m$；配合部位的尺寸精度IT7，表面粗糙度 $Ra0.8\mu m$。

2）零件制造工艺设计。

① 零件各表面终加工方法及加工路线。主要表面可能采用的加工方法：成型部位尺寸精度IT7，表面粗糙度 $Ra0.2\mu m$，应车床和外圆磨床，台面采用铣床加工。整体加工原则为：下料—粗车—精车—磨削—研磨。

② 选择设备、工装。设备：外圆面采用车床加工，台面采用铣床，磨削采用外圆磨床。工装：零件粗加工、半精加工和精加工采用自定心卡盘固定。刀具：车刀、面铣刀和砂轮等。量具：内径千分尺、量规和游标卡尺等。

③ 镶件3加工工艺方案。镶件3加工工艺方案见表3-7。

表3-7 镶件3加工工艺方案

工序号	工序名称	工序内容的要求	加工设备	工艺装备
1	备料	圆棒料，尺寸 ϕ24mm×22mm P20料		
2	车削加工	车 ϕ24mm至大台阶 ϕ22mm×5mm，其余 ϕ16.05mm，留余量0.3~0.4mm	车床	外圆车刀
3	外圆磨	磨 ϕ16.05mm端面至长度尺寸，保证表面粗糙度要求	外圆磨床	砂轮
4	铣床加工	铣两平面到达图样尺寸	铣床	机用平口钳、面铣刀
5	检验	按图样要求进行检验		游标卡尺

3.3.2 塑料齿轮模具装配

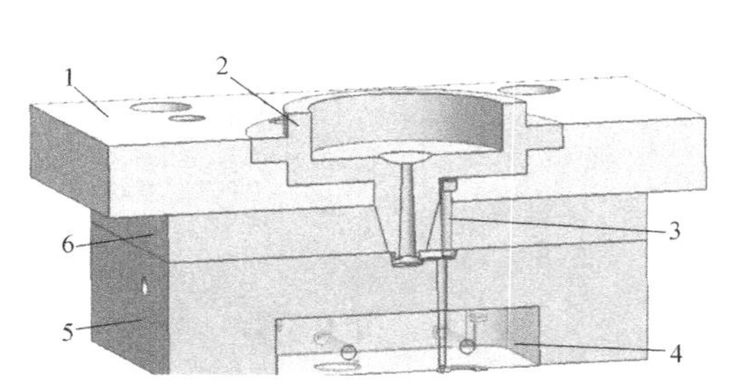

图3-11 定模装配立体图

1—定模座板 2—浇口套 3—拉料杆 4—上模 5—定模板 6—浇口板

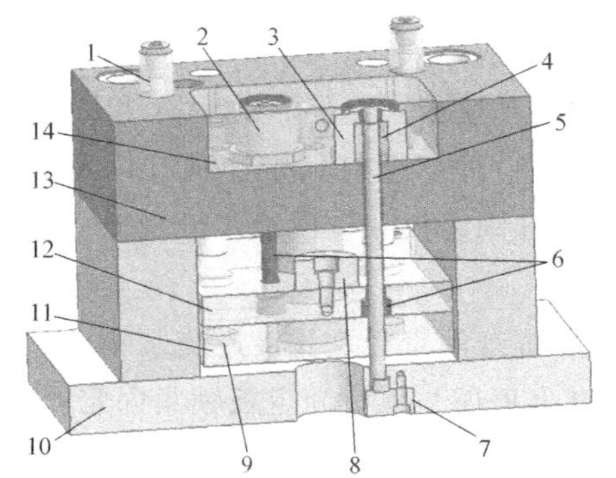

图3-12 动模装配立体图

1—开闭器 2—镶件1 3—镶件2 4—镶件3 5—推管型芯 6—推管 7—压板 8—顶出限位柱 9—限位钉 10—动模座板 11—下顶板 12—上顶板 13—动模板 14—下模

动画视频

1. 定模部分（图3-11）的装配

1）将拉料杆装入定模座板，然后装入浇口套并用螺钉锁紧固定。

注意：拉料杆的台阶尺寸应与上模板对应的台阶尺寸一致，装配后拉料杆应与上模板齐平或低0.02mm，否则拉料杆高出上模板会使浇口套与浇口板的锥度配合面出现间隙，造成溢料。

2）将定模装入定模板并用螺钉紧固。

3）用导柱将上模板、浇口套及动模板穿连在一起并分别将Ⅰ-Ⅰ分型及Ⅱ-Ⅱ分型的开距螺钉装入拧紧。

2. 动模部分（图3-12）**的装配**

1）将镶件3装入镶件2，如图3-13所示。

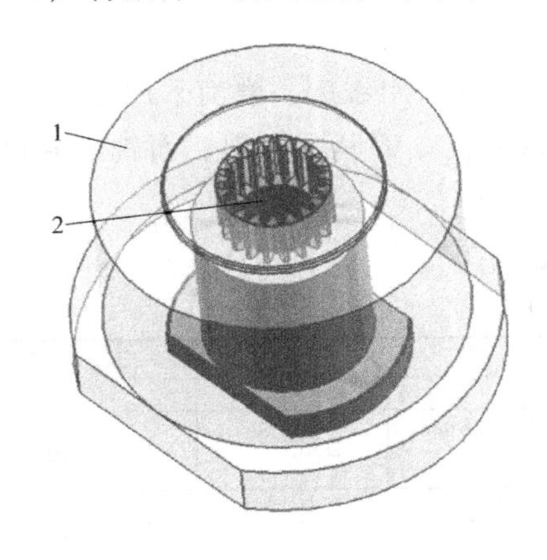

图3-13　镶件3装入镶件2

1—镶件2　2—镶件3

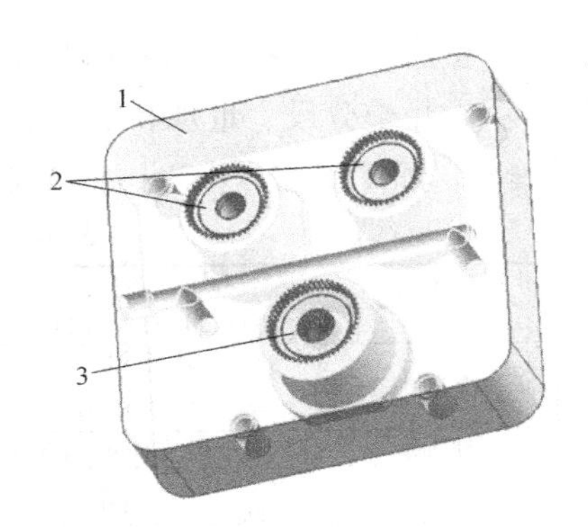

图3-14　将镶件1及镶件2.3的组合装入动模

1—下模　2—镶件1　3—镶件2、3

2）将镶件1及镶件2、3的组合装入动模，如图3-14所示。

注意：装配前应将动模与镶件配合孔（挂台方向）倒角以防止因镶件台阶不清根造成镶件与动模装配不到位。

3）动模装入动模板，装好后的动模装入动模板并用螺钉锁紧固定，如图3-15所示。

4）将顶出限位柱用螺钉固定在顶杆固定板上并将推管穿过顶杆固定板和动模板，分别插入镶件1及镶件3。

注意：查看推管的直径及长度以免装错位置。

5）用螺钉将顶板与顶杆固定板锁紧固定。

6）将装好支承柱及限位钉的下模板与支承条和动模板用螺钉连接固定。

注意：支承柱和支承条应与顶杆固定板及顶板避空，否则顶出时产生摩擦，造成顶出不顺或顶出部分不复位。

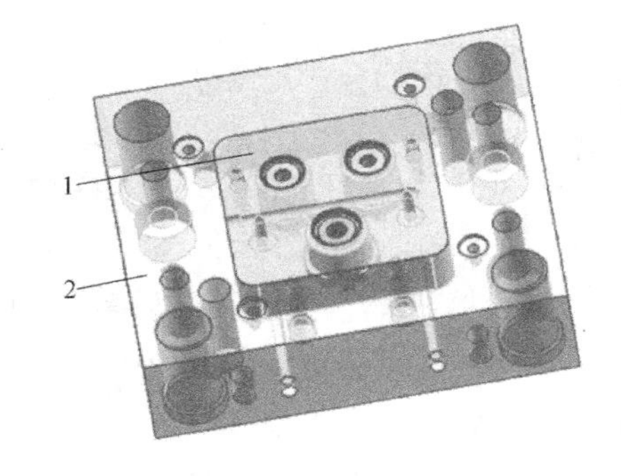

图3-15　动模装入动模板

1—下模　2—动模板

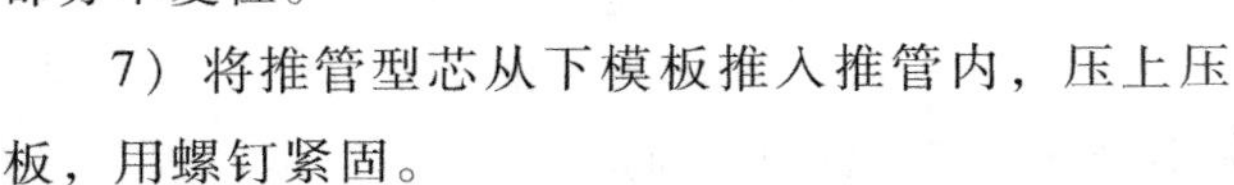

7）将推管型芯从下模板推入推管内，压上压板，用螺钉紧固。

8）用螺钉将开闭器装在组装好的动模板上，通过调整螺钉的旋入深度改变开闭器的外

径尺寸，控制开闭器与定模板孔的摩擦力以保证Ⅲ-Ⅲ分型面的锁紧力，以达到模具的顺序开模。

3.3.3 塑料齿轮注射模具的安装与调试

1. 注射成型工艺参数的确定

（1）工艺特性　塑料齿轮注射模具所选用的制件材料为聚甲醛，英文缩写为POM，其优点是具有良好的综合力学性能，且疲劳性能、自润滑性能和耐磨性能优良，着色性好；缺点是热稳定性差、易燃、耐候性差。常用来制造不允许使用润滑油的齿轮。

（2）原料准备　在成型加工前，需进行干燥处理。干燥时，应采用90～100℃热风循环，时间为4～6h。

（3）成型工艺

1）注射温度。POM加工温度一般为170～190℃。若制件壁厚较厚，可使用稍低于下限的熔化温度。

2）注射压力。制件的注射压力需根据材料成型特性以及制件的复杂程度、浇口形式与位置及产品壁厚等因素综合考虑。在实际生产中，POM的注射压力一般取40～130MPa；背压为15～80MPa。

3）成型周期。在POM的注射成型过程中，模具一般需要通入冷却水，所以制件的成型周期通常比较短为25s。

4）模具温度。在成型加工过程中，模具温度直接影响制件的外观及收缩率。为了取得良好的成型效果，在注射成型过程中，POM的模具温度一般应控制在30～60℃范围内。

2. 塑料设备的选择及模具的调试

（1）塑料设备的选择

1）最大注射量的选择。制件质量必须与所选注射机的注射量相适应的范围内。通常，注射机的实际注射量应在注射机最大注射量的80%以内。

注射机的最大注射量为

$$m_1 = m_0\rho_1/\rho_0$$

式中　m_1——其他塑料的最大注射量，单位为g；

m_0——注射机规定的最大注射量，单位为g；

ρ_0——聚苯乙烯的密度，通常按1.05g/cm³计算，单位为g/cm³；

ρ_1——其他塑料密度，单位为g/cm³。

2）锁模力的校核。锁模力是指注射机在成型时锁紧模具的最大力。该力可使动模和定模紧密闭合，保证塑料制品的尺寸精度，尽量减少分型面飞边的厚度。当塑料熔体充满型腔时，注射压力在型腔内所产生的作用力总是试图使模具沿分型面胀开，因此，注射机的锁模力必须大于型腔内熔体压力与制件及浇注系统在分型面上的投影面积之和的乘积，即

$$F_0 \geqslant P_{模} A_{分} \times 100$$

式中　F_0——注射机的公称锁模力，单位为N；

$P_{模}$——模内平均压力，单位为 MPa（表 3-7）；

$A_{分}$——制件、流道、浇口在分型面上的投影面积之和，单位为 cm^2。

注射机注入的塑料熔体流经喷嘴、流道、浇口和型腔，将产生压力损耗，一般型腔内的平均压力为注射压力的 25% ~50%，型腔内的平均压力通常为 20 ~40MPa。在成型流动性差、形状复杂、精度要求高的塑件时，需要选用较高的型腔压力。表 3-8 列出了不同类型产品常用的型腔压力。

表 3-8　模具型腔内部平均压力的选择

分　　类	模内压力/MPa
成型容易、壁厚均匀的日用品	25
一般民用产品	30
工业制品	35
精度高、形状较复杂的工业制品	40
型腔流长比小于 50	20 ~30
型腔流长比大于 50	35 ~40

3）注射压力的校核。注射压力是指注射机料筒内柱塞或螺杆对熔融塑料所施加的单位面积上的力。常取 70 ~150MPa。注射机的最大注射压力必须大于成型塑件所需要的注射压力。

（2）模具与注射机合模部分的相关尺寸校核　模具与注射机的关系主要包括喷嘴尺寸、定位环尺寸、模具最大厚度和最小厚度以及模具在注射机上的安装方式等。

1）喷嘴尺寸。注射模具主流道衬套小端的孔径要比注射机喷嘴前端孔径大 0.5 ~1mm，主流道衬套的球面半径要比注射机喷嘴前端球面半径大 1 ~2mm（图 3-16）。

$$\begin{cases} D = r + (1 \sim 2)\text{mm} \\ R = d + (1 \sim 2)\text{mm} \end{cases}$$

在注射成型时，主流道衬套处不能形成死角，也不能有熔料积存。

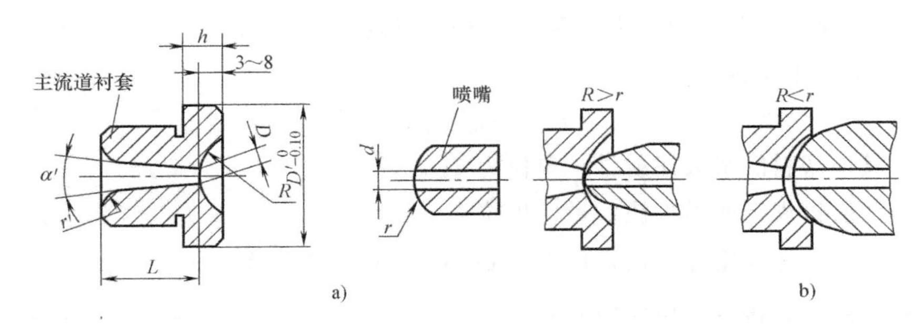

图 3-16　注射机喷嘴与模具浇口套的关系

2）定位环尺寸。模具定位环与注射机定位孔按 H8/f7 配合定位，以保证模具主流道的轴线与注射机喷嘴轴线重合，否则将产生溢料并造成流道凝料脱模困难。塑料齿轮模具采用标准主流道衬套，对于拥有注射机的一般企业来说，均有与之相配的标准定位环。定位圈的高度 h，小型模具为 8 ~10mm，大型模具为 10 ~15mm。

3）模具厚度与注射机的关系。注射机所安装模具的闭合厚度必须在注射机最大模具厚

度与最小模具厚度之间（图3-17）。

若模具闭合厚度大于注射机最大模具厚度，则模具无法锁紧或影响开模行程。若模具闭合厚度小于注射机最小模具厚度，则必须采用垫板调整，使模具闭合。塑料齿轮模具的闭合厚度为175mm，所选注射机必须与之相适应。

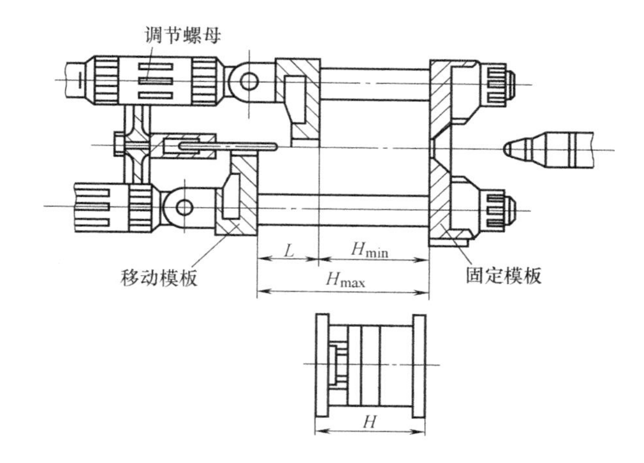

图3-17 模具厚度与注射机的关系

4）模板规格与注射机拉杆间距的关系。模具长度和宽度方向的尺寸不得超出注射机的工作台面。在通常情况下，模具是从注射机上方直接吊入注射机内或从注射机侧面推入机内安装的（图3-18a、b）。由图3-18可知，模具的外型尺寸受到拉杆间距的限制。图3-18c只有模具厚度比拉杆间距尺寸小，且装入机内后能够旋转（转到图示位置）时，才能安装。

塑料齿轮模具是外形较小，可以从注射机上方直接吊入。

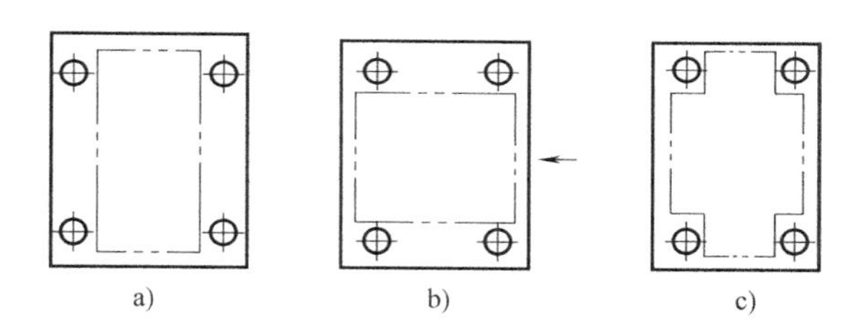

图3-18 模具模板尺寸与注射机拉杆间距的关系

5）模具在注射机上的安装方式（前面已叙述）。塑料齿轮模具模具采用压板固定方式，所以在定模板及底板上未加工模具固定孔（图3-19）。

6）开模行程的校核。打开模具取出塑件时，要求定模和动模必须分开一定的距离，该距离称为开模距离。开模距离不能超过注射机的最大开模行程。从某种意

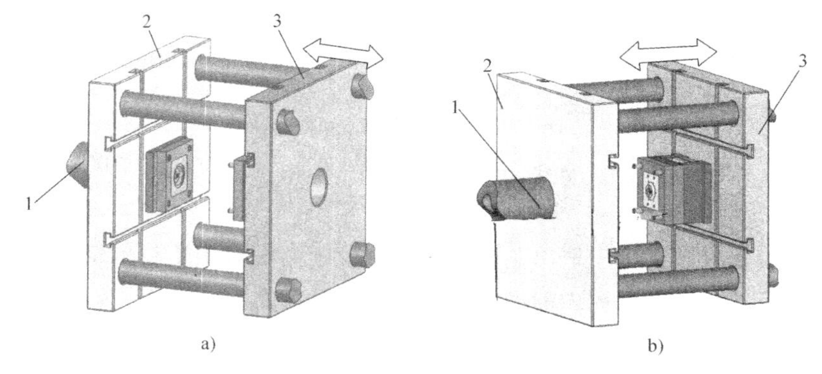

图3-19 塑料齿轮动、定模具安装示意图

a）定模安装图 b）动模安装图

1—料筒 2—定模座板 3—动模座板

义上说，注射机的最大开模行程将直接影响到模具所能成型的塑件的高度。开模行程不够时，塑件则无法从动模和定模之间取出。因此，模具设计时必须进行注射机开模行程的校核，使其与模具距离相适应。根据注射机类型的不同，开模行程的校核有以下两种情况。

① 最大开模行程与模具厚度无关。凡锁模机构为液压—机械式锁模机构的注射机，其最大开模行程是由曲柄机构的运动或合模液压缸的行程所决定的，而与模具厚度无关。当模具厚度变化时可通过移动模板后的大调节螺母调整。故校核时只需使注射机最大开模行程大于模具所需的开模距离即可。

单分型面注射模的最大开模行程按下式校核（图3-20a）。

$$S_{max} \geqslant S = H_1 + H_2 + (5 \sim 10)\text{mm}$$

式中 S_{max}——注射机最大开模行程，单位为mm；

S——模具所需开模距离，单位为mm；

H_1——塑件脱模距离，单位为mm；

H_2——包括浇注系统凝料在内的塑件高度，单位为mm。

双分型面注射模的最大开模行程按下式校核（图3-20b）。

$$S_{max} \geqslant S = H_1 + H_2 + a + (5 \sim 10)\text{mm}$$

式中 a——取出浇注系统凝料必须的长度，单位为mm；

S——模具所需开模距离，单位为mm；

H_2——塑件高度，单位为mm。

塑件脱模距离 H_1 通常等于模具型芯高度，但对于内表面有阶梯状的塑件，H_1 不必等于型芯高度，能以顺利取出塑件为准（图3-20c）。

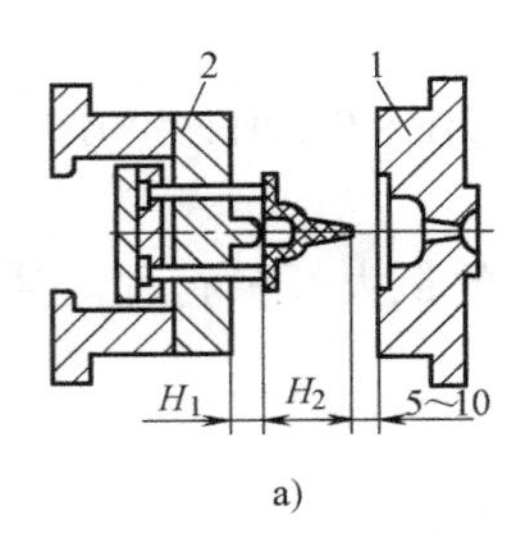

a)

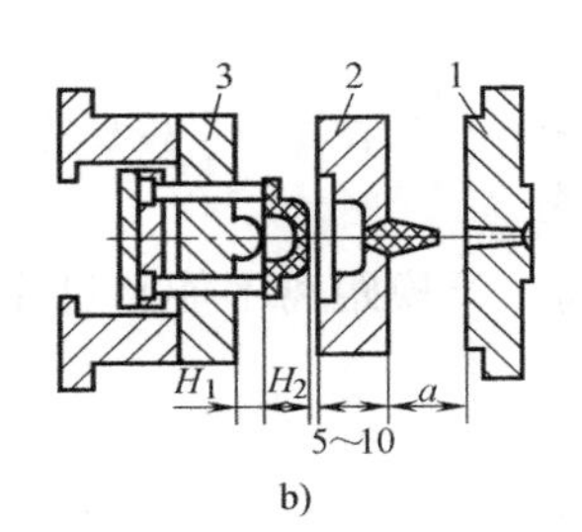

b)

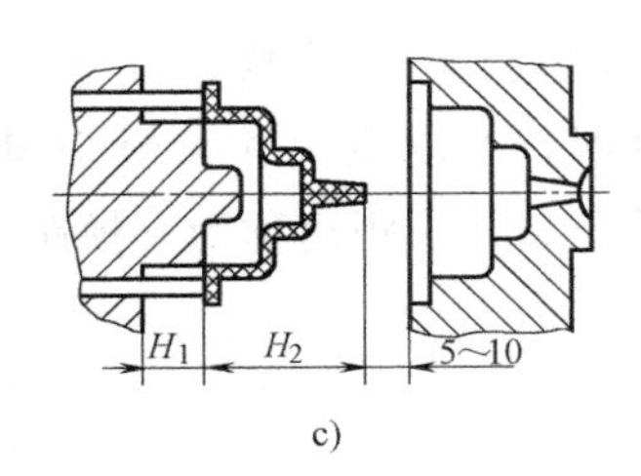

c)

图3-20 模具开模行程类型

a）单分型注射模具开模行程 b）双分型注射模具开模行程 c）塑件内表面有阶梯状的开模行程

1—动模 2—定模 3—动模板

注射机的开模行程必须大于取出制件所需的开模距离。对于塑料齿轮模具来说，所选注射机的最大开模行程应大于动模内的型腔深度与制件高度之和。

② 最大开模行程与模具厚度有关。对于全液压式和全机械式锁模机构的注射机，其最大开模受到模具厚度影响。模具厚度越大，开模行程越小，此时模具开模行程（S_{max}）等于注射机移动模板与固定模板之间最大开距（S_k）减去模具闭合时的厚度（H_m），即

$$S_{max} = S_k - H_m$$

单分型面注射模可按下式校核

$$S_{max} = S_k - H_m \geqslant H_1 + H_2 + (5 \sim 10)\,mm$$

或

$$S_k \geqslant H_m + H_1 + H_2 + (5 \sim 10)\,mm$$

双分型面注射模可按下式校核

$$S_{max} = S_k - H_m \geqslant H_1 + H_2 + a + (5 \sim 10)\,mm$$

或

$$S_k \geqslant H_m + H_1 + H_2 + a + (5 \sim 10)\,mm$$

③ 对于需要利用开模行程完成侧向抽芯的模具，开模行程的校核还应考虑为完成抽芯动作二增加的行程（H_c）（图3-21），其校核按下述两种情况进行。

当 $H_c > H_1 + H_2$ 时，则以上各式中的 $H_1 + H_2$ 项均用 H_c 代替，其他各项保持不变。

当 $H_c < H_1 + H_2$ 时，H_c 对开模行程无影响，仍按上述各式校核。

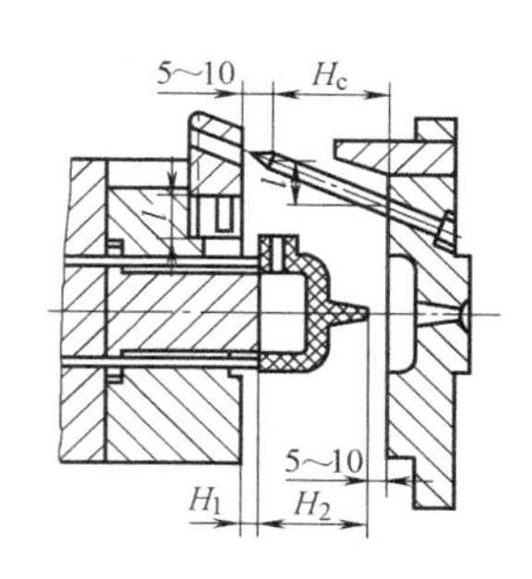

图3-21 模具有侧向抽芯开模行程

7）注射机顶出装置与模具顶出机构的关系。模具顶出机构应与注射机顶出装置相适应。目前，较为常用的注射机既有中心顶出，又有两侧顶出。模具设计时需根据注射机顶出装置的顶出形式、顶出杆直径、顶出杆间距和顶出距离来校核模具的顶出装置是否与其相适应。塑料齿轮模具所选注射机顶出装置的最大顶出距离应大于模具顶出制件所必须的距离，即12mm。

3. 塑料齿轮调试工艺卡（表3-9）

表3-9 塑料齿轮调试工艺卡

申请日期		组长		技工	
模具编号		模具名称	塑料齿轮	型腔数	2+1
材料	POM	数量		试模次数	1
计划完成时间				实际完成时间	
试模内容	调整模具工艺参数				
机台号	3	机台吨位	80t	每模质量	
浇口单重/g		产品单重/g		周期时间/s	
冷却时间/s	12	射出时间/s	2	保压时间/s	4.7

温度/℃												
烘干		射嘴	200	一段	200	二段	190	三段	180	四段	170

射出				位料				合模				开模			
	压力	速度	位置		压力	速度	位置		压力	速度	位置		压力	速度	位置
一段	80	60	38	一段	80	60	25	一段				一段			
二段	80	45	28	二段	80	60	45	二段				二段			
三段	80	30	21	松退	30	20	+	三段				三段			
							5								
四段				背压				四段				四段			

顶出方式：□停留 □多次 操作方式：□半自动 □全自动

冷却方式：□冷却水 □常温水 □模温机:温度 （60℃）

试模结果

保压:80 85 95

15 15 15

1.5 2 1.2

3.4 模具结构

塑料齿轮注射模具是属于双分型塑料注射模具，一模成型两件加一件，模具比较复杂，模具外形尺寸为250mm×230mm×235mm，适合中型注射机生产，塑件生产效率高，模具成本低。

3.4.1 塑料齿轮成型零部件的设计

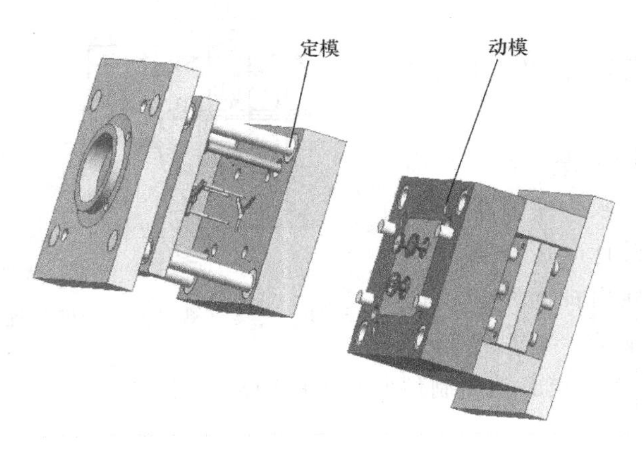

图3-22 塑料齿轮分型面

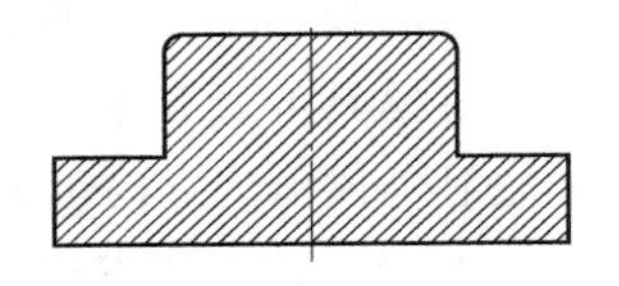
图3-23 整体式型芯

1. 塑料齿轮分型面的确定（图3-22）

2. 塑料齿轮模具型芯的结构设计基础知识

型芯又称凸模或阳模，它是构成塑件内部几何形状的零件。型芯主要包括主体型芯、小型芯、侧抽芯和成型杆及螺纹型芯等。型芯的结构形式分为整体式和组合式。

（1）整体式（图3-23） 主体型芯与动模板做成一体。其优点是结构简单，强度、刚度较高；缺点是费工费材，不易修复和更换，只用于形状简单的单型腔或强度、刚度要求很高的注射模。

（2）组合式

1）整体嵌入式（图3-24）。为了便于加工，形状复杂型芯往往采用组合式结构。模体做出与型芯相对应的安装孔，采用H7/m6配合（图3-24a）；模板做成通孔，另装支承板（图3-24b）；型腔镶块和型芯有同轴度要求时，动模板和定模板组合在一起加工（无精密机床的场合）（图3-24c）型芯外形复杂，用线切割机床，做出相应的模套，装入型芯，底部用螺栓固定在支承板上（图3-24d）型芯复杂且无线切割时；底部做出容易加工的圆柱形和矩形凸台。0.5～1mm作为紧固的空间（图3-24e）。

2）局部组合式（图3-25）。塑件局部有不同形状的孔或沟槽不易加工时，在主体型芯上局部镶嵌与之对应的形状，以简化加工工艺，便于制造和维修。塑件内有凸台（图3-25a）型芯中镶芯结构图（图3-25b）细长型芯深入定模通孔，对型芯加固防冲击变形

（图 3-25c)，5°斜度的接触面，避免摩擦（图 3-25d、e）根部倒角，使用方便（图 3-25f)。

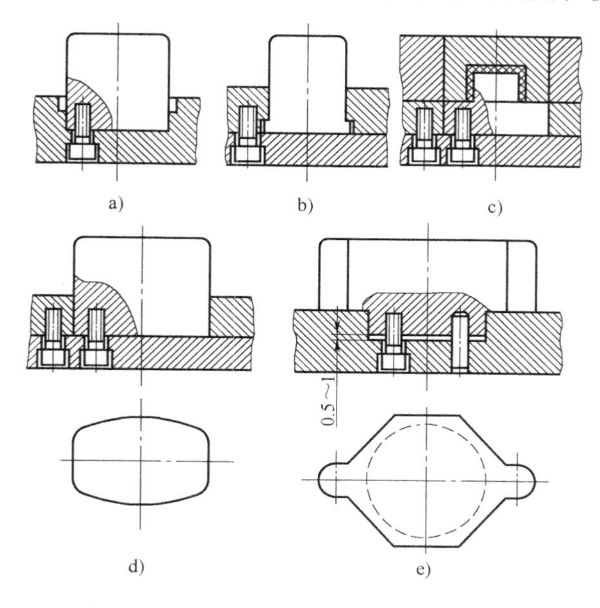

图 3-24 整体嵌入式型芯

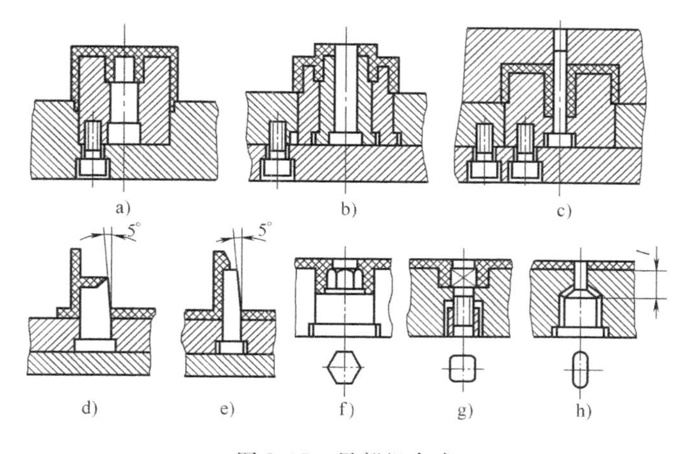

图 3-25 局部组合式

（3）小型芯的结构设计小型芯是用来成型塑件上的小孔或槽。小型芯单独制造后，再嵌入模板中。图 3-26 所示的结构为小型芯常用的几种固定方法。图 3-26a）是用台肩固定的形式，下面用垫板压紧；图 3-26b）中固定板太厚，可在固定板上减少配合长度，同时细小型芯制成台阶的形式；图 3-26c）是型芯细小而固定板太厚的形式，型芯镶入后，在下端用圆柱垫垫平；图 3-26d）是用于固定板厚而无垫板的场合，在型芯的下端用螺塞紧固；图 3-26e）是型芯镶入后在另一端采用铆接固定的形式。

对于异形型芯，为了制造方便，常将型芯设计成两段。型芯的连接固定制成圆形，并用台肩和模板连接，如图 3-27a）所示；也可以用螺母紧固，如图 3-27b）所示。多个互相靠近的小型芯用台肩固定时，如果台肩发生重叠干涉，可将台肩相碰的一面磨去，将型芯固定板的台阶孔加工成大圆台阶孔或长腰圆形台阶孔，然后将型芯镶入，如图3-27c、d）所示。

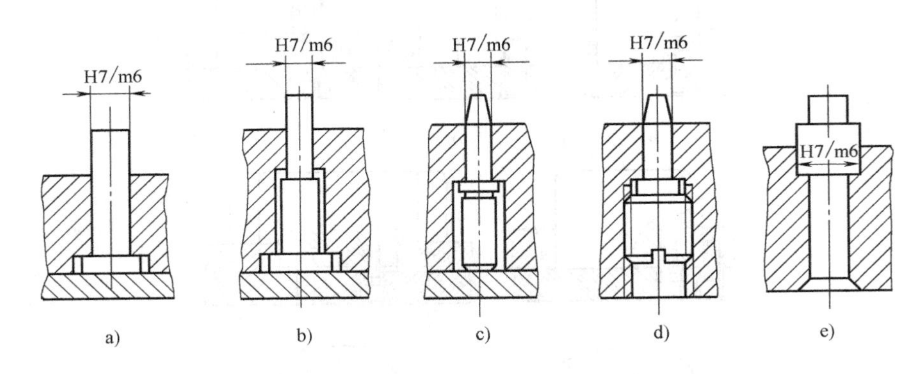

图3-26　小型芯固定方式

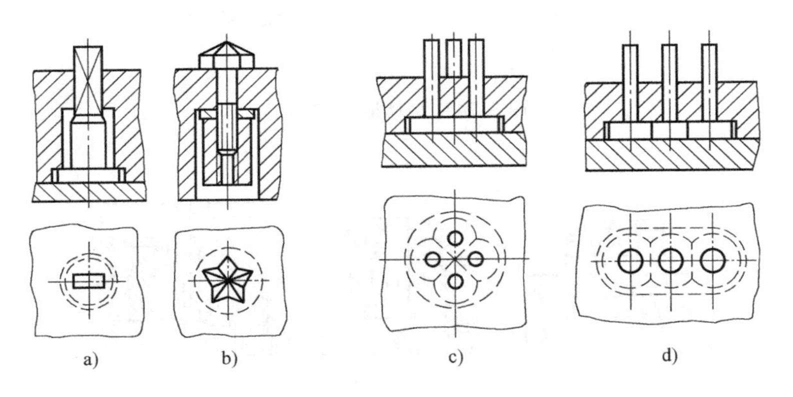

图3-27　异形凸模

3. 塑料齿轮模具型腔数量及排列方式的确定

塑料齿轮制件选用齿轮1一模两件加齿轮2一模一件，矩形平衡式布置（图3-28）。

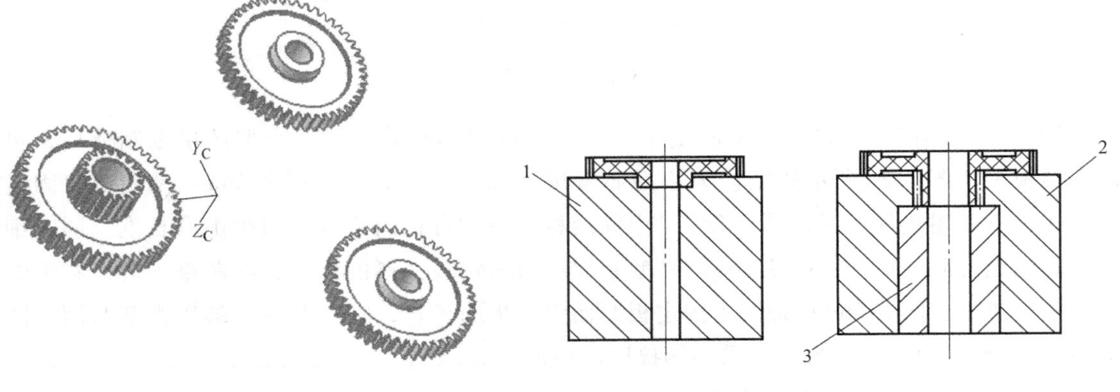

图3-28　塑料齿轮制件型腔布置立体图

图3-29　塑料齿轮镶拼结构

1—镶件1　2—镶件2　3—镶件3

4. 塑料齿轮模具成型结构确定

塑料齿轮制件选用齿轮1一模两件加齿轮2一模一件，整体式凸、组合式凹模成型方法（图3-29）。

1）齿轮凹模组合形式。

2）凸模镶拼结构立体图（图3-30）。

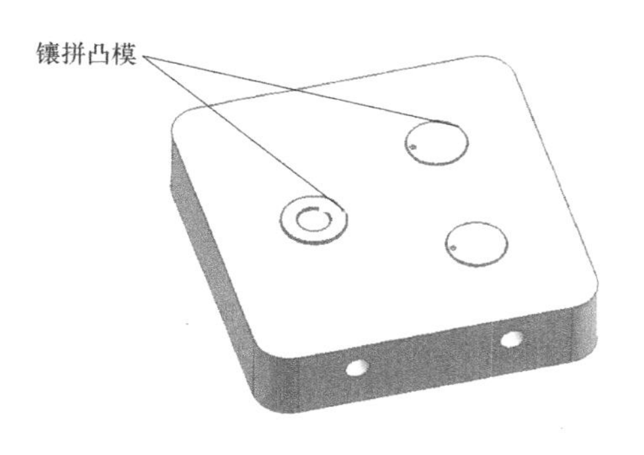

图3-30 上模结构

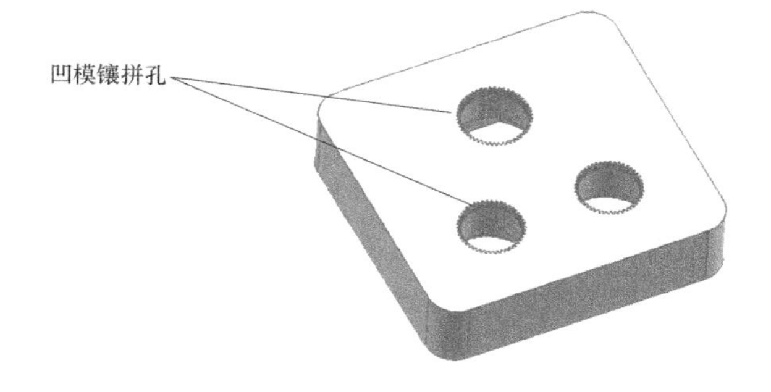

图3-31 下模结构

3）凹模镶拼孔结构立体图（图3-31）。

3.4.2 塑料齿轮模具浇注系统设计

1. 塑料齿轮浇口设计基础知识

塑料齿轮选用的浇口称为点浇口，也称为针点浇口，它是一种尺寸很小的浇口，直径通常为0.5～1.8mm，适用于流动性较好的壳、盒和罩等容器的塑料制品，如聚乙烯、聚丙烯、ABS、聚苯乙烯和尼龙类的塑件。点浇口是应用广泛的浇口形式。浇口一般设置在制品的顶端，根据制件的要求的大小和要求，可采用单点浇口、双点浇口和多点浇口形式，如图3-32所示。

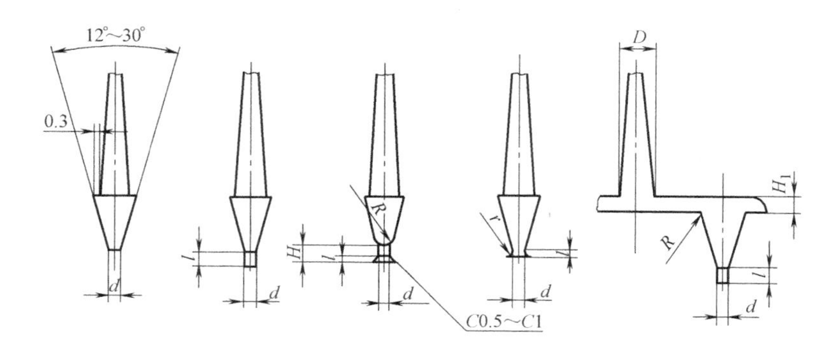

图3-32 点浇口的结构形式

（1）点浇口的优点

1）模具设计时，对浇口位置的限制较少，可较自由地选择进料部位。

2）浇口尺寸小，熔体通过浇口时流速增加，产生摩擦热使熔体温度升高，粘度降低，有利于充模。

3）塑件内应力小，尤其浇口附近。

4）浇口痕迹小，不需修整，不影响塑件外观。

5）浇口小则冻结快，缩短成型周期，提高生产效率。

6）既可用于单型腔模具，也可用于多型腔模具。在多型腔模具中，点浇口能均衡各型腔的进料速度。

7）点浇口模具，开模时可将浇口自动拉断并与塑件分离，不需人工切断。易于实现自动化生产。

（2）点浇口的缺点

1）不适用于粘度较高（PSU、PC、HPVC等）和粘度对剪切速率变化不敏感的塑料。

2）需用较高的注射压力。因充模阻力大，压力损失多。

3）不适用于厚壁塑件成型，因为点浇口会延长厚壁塑件的充模时间。浇口凝固快，不利于保压补缩。

4）点浇口模具需两个以上的分型面，模具结构复杂，制造成本高。

（3）采用点浇口时应注意的问题

1）尽量缩短浇口长度以减少压力损失。

2）必须采用三板式模具结构以自动拉断浇口凝料（图3-33）。

3）不宜成型平薄塑件及不允许有变形的塑件。

2. 塑料齿轮点浇口自动脱落的工作过程

塑料齿轮模具确定为采用三板式模，其设计关键点是如何完成模具的工作过程，生产出合格的产品。此套模具共有三个分型面，为保证流道及产品的正常脱落三个分型面应按顺序打开，打开顺序如图3-34、图3-35和图3-36所示。

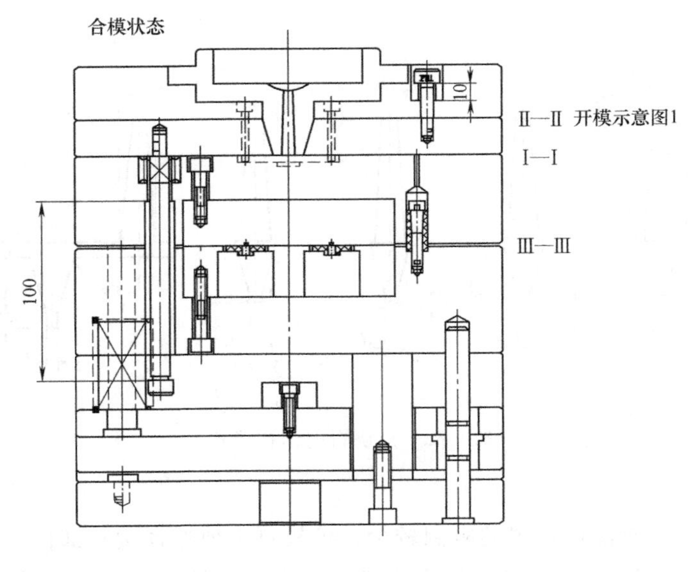

图3-33　合模状态图

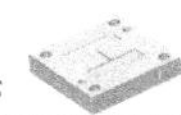

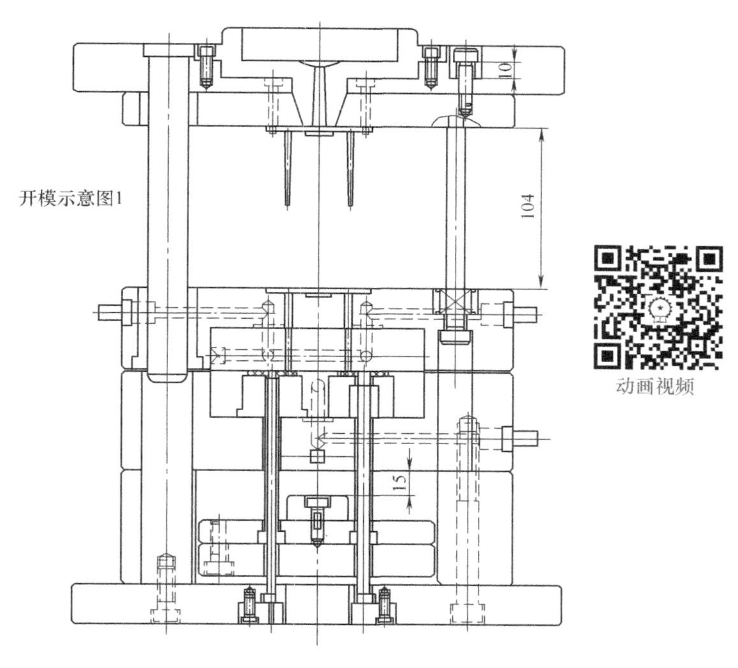

图 3-34 模具第一次分型

1）合模状态图（图 3-33）。

2）具第一次分型（图 3-34）浇口与塑件分离。

3）具第二次分型（图 3-35）带动浇口板移动。

4）模具第三次分型（图 3-36）脱出浇口。

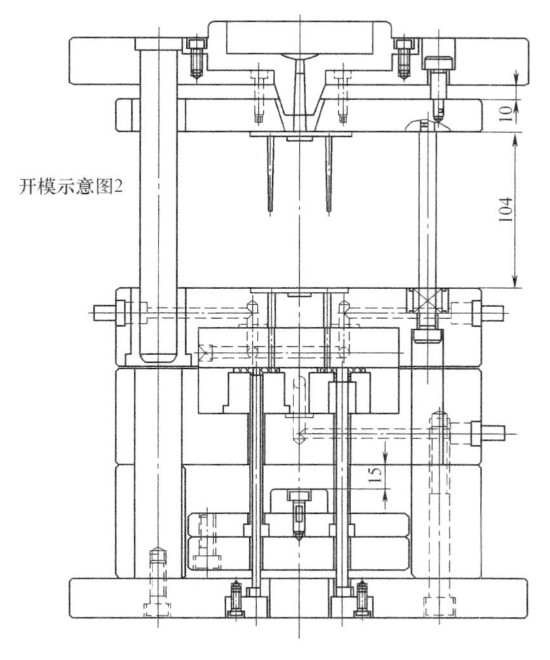

图 3-35 模具第二次分型

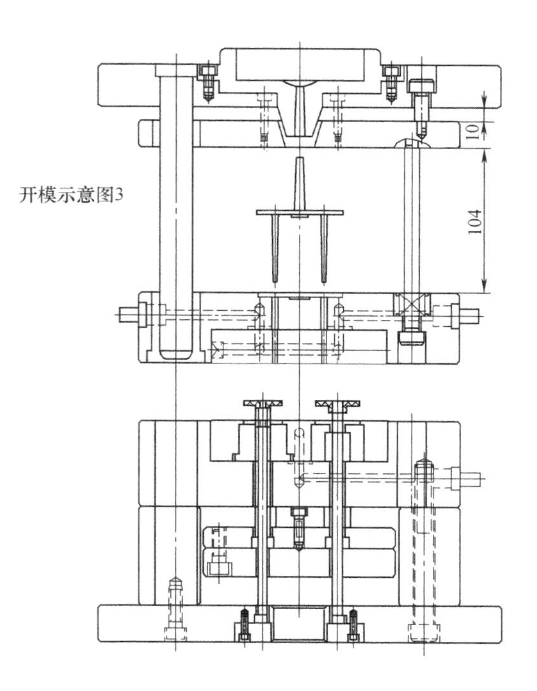

图 3-36 模具第三次分型图

图 3-37 塑料齿轮模具浇注系统

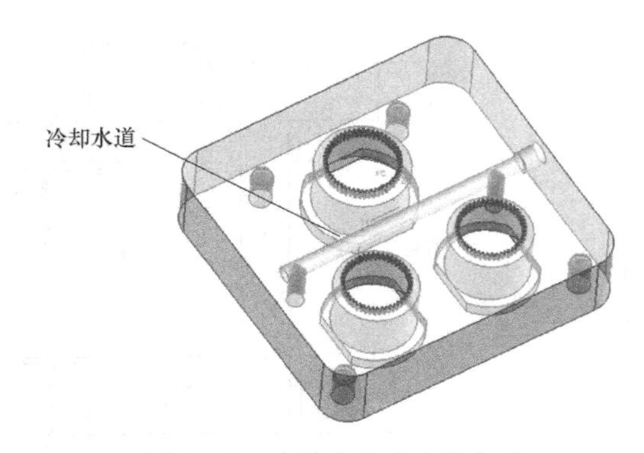

图 3-38 动模直通式冷却方式

3. 塑料齿轮浇口设计方案确定

浇口形式可设计为点浇口，塑料齿轮采用点浇口和圆形分流道，根据产品的使用要求齿形表面不能设浇口，可将进胶点设在产品外型的凹面上。塑料齿轮模具浇注系统如图 3-37 所示。

3.4.3 塑料齿轮冷却系统设计

模具的温度是由冷却系统来调节的，其位置和形式决定模具热量传递，因此，模具设计时要根据模具成型的材料和塑件的布置的位置合理的设计冷却系统，注意开设水口位置的确定，保证塑件的冷却效果。图 3-38 所示为动模直通式冷却方式，塑料齿轮采用了此种冷却方式。

3.4.4 塑料齿轮模具顶出系统设计

顶管顶出用于中心有圆孔的塑件及环形轴套类塑件。顶出时周边接触，动作稳定可靠，塑件不变形，无明显痕迹。材料为 T8A 或 T10A，硬度为 50 ~ 55HRC。

1. 塑料齿轮模具顶出系统设计基础知识

（1）顶管机构基本组成（图 3-39）

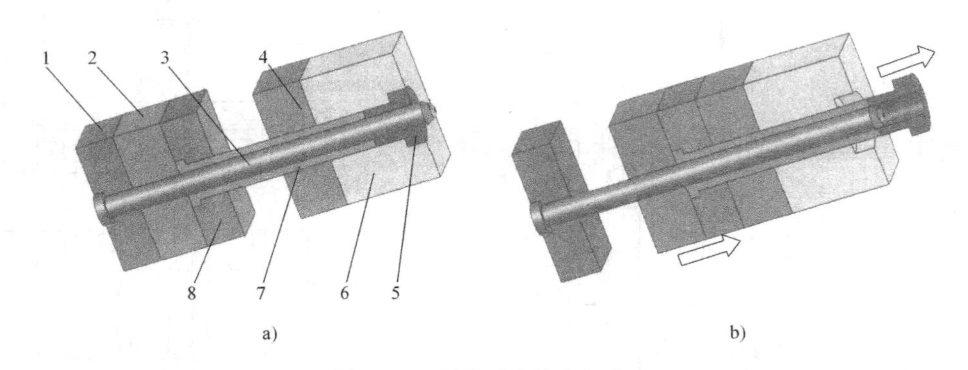

图 3-39 顶管顶出基本组成

a）合模状态 b）顶出状态

1—动模座板 2—顶杆底板 3—型芯 4—动模垫板 5—制件 6—动模镶件 7—顶管 8—顶杆固定板

（2）顶管机构结构形式（图 3-40）

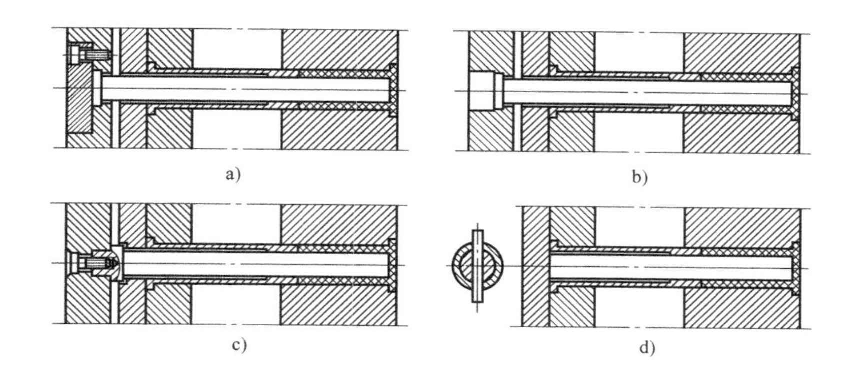

图 3-40 顶管脱模机构基本结构形式

a）台肩固定加背板 b）螺塞固定 c）内六角圆柱头螺钉紧固 d）矩形横销

（3）顶管顶出设计要点

1）顶管用于顶出塑件的厚度不小于 1.5mm。

2）顶管的组装精度同顶杆的组装精度。

3）顶管与型芯保持同心，误差不超过 0.03mm。其内孔末端应有 0.5mm 的空刀间隙，以减少与型芯的摩擦磨损，利于加工和排气。

4）应设置复位装置，必要时还设置导向零件，尤其是顶管直径较小时。

5）材料为 T8A 或 T10A，端部淬硬 50 ~ 55HRC。最小淬硬长度大于顶管/型腔板的配合。

2. 塑料齿轮模具顶出结构的确定

由于产品的中心孔无脱模斜度，脱模时需要较大的顶出力，圆孔周围料位可置推管，故选用推管顶出（图 3-41）。

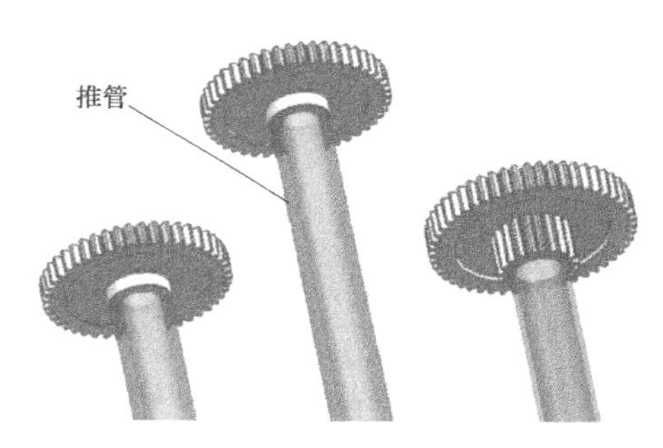

图 3-41 顶管顶出立体图

3.5 项目练习

1. 填空题

1）与单分型面注射模相比，双分型面注射模在定模边增加了一块中间板，也可以称为________。

2）双分型面注射模一个分型面取出塑件，另一个分型面取出________。

3）双分型面注射模的两个分型面________打开。

4）将双分型面注射模具按结构分类可分为____________、____________和____________等。

2. 选择题

1）双分型面注射模采用的浇口形式为（　　）。

A. 侧浇口　　B. 中心浇口

C. 环隙浇口　D. 点浇口

2）双分型面注射模采用的点浇口直径应为（　　）mm。

A. 0.1～0.5　　B. 0.5～1.5

C. 1.5～2.0　　D. 2.0～3.0

3）点浇口不适用于（　　）塑料。

A. 热敏性塑料

B. 热塑性塑料

C. 热固性塑料

D. 纤维增强塑料

3. 问答题

1）点浇口的特点是什么？

2）双分型面注射模采用的导向装置与单分型面注射模有何不同？

3）简述双分型面注射模的工作过程。

4）双分型面注射模有两个分型面，其各自的作用是什么？双分型面注射模应使用什么浇口形式？

答　　案

1. 填空题

1）与单分型面注射模相比，双分型面注射模在定模边增加了一块中间板，也可以称为流道板。

2）双分型面注射模一个分型面取出塑件，另一个分型面取出浇注系统凝料。

3）双分型面注射模的两个分型面先后打开。

4）将双分型面注射模具按结构分类可分为摆钩式双分型面注射模、弹簧式双分型面注射模和滑块式双分型面注射模等。

2. 选择题

1）双分型面注射模采用的浇口形式为（D）。

A. 侧浇口　　B. 中心浇口

C. 环隙浇口　D. 点浇口

2）双分型面注射模采用的点浇口直径应为（B）mm。

A. 0.1～0.5　　B. 0.5～1.5

C. 1.5～2.0　　D. 2.0～3.0

3）点浇口不适用于（A）塑料。

A. 热敏性塑料

B. 热塑性塑料

C. 热固性塑料

D. 纤维增强塑料

3. 问答题

1）点浇口的特点是什么？

答：① 浇口尺寸小，熔料流经浇口的速度增加，熔料受到的剪切速率提高，熔体表面黏度下降。流动性提高，有利于型腔的填充。

② 便于控制浇口凝固时间，既保证补料，又防止倒流，保证了产品的质量，缩短了成型周期，提高了产生效率。

③ 点浇口浇注系统脱模时，浇口与制品自动分开，便于实现塑料件产生过程的自动化。

④ 浇口痕迹小，容易修整，制品的外观质量好。

2）双分型面注射模采用的导向装置与单分型面注射模有何不同？

答：双分型面注射模的导向装置除了导柱、导套等导向装置等外还有中间板与拉料板上的导向孔。

3）简述双分型面注射模的工作过程。

答：开模时，注射机开模系统带动动模部分后移，模具首先在第一分型面分型，中间板随动模一起后移，主流道凝料随之拉出。当动模部分移动一定距离后，固定在中间板上的限位销与定距拉板后端接触，使中间板停止移动，动模继续后移，第二分型面分型，因塑料件包紧在型芯上，浇注系统凝料在浇口处自行拉断。然后在第一分型面之间自行脱落或人工取出。动模继续后移，当注射机的推杆接触推板时，推出机构开始工作，在推杆的推动下将塑料从型芯上推出，塑料件在第二分型面之间自动落下。

4）双分型面注射模有两个分型面，其各自的作用是什么？双分型面注射模应使用什么浇口形式？

答：第一分型面可使主流道凝料在动模后移过程中被拉出；第二分型面可使浇注系统凝料再动模继续后移的过程中在浇口处自行拉断。

双分型面注射模具使用的浇注系统为点浇口浇注系统。

项目 4 制造塑料接线柱模具

【学习目标】

1. 掌握塑料接线柱模具的制造工艺。
2. 了解模具设计与制造的基础步骤。
3. 掌握塑料注射模具的试模工艺。
4. 学会塑料接线柱模具的结构设计。
5. 能够完成塑料接线柱模具装配图的绘制。

4.1 项目任务

4.1.1 任务单

1）绘制塑料接线柱的三维和二维制品图样。

2）识读塑料接线柱模具装配图，初步掌握塑料注射模具结构组成。

3）拆画塑料接线柱模具零件图，编制零件加工工艺卡。

4）掌握塑料接线柱所选用的材料性能，进而了解塑料材料的性能。

5）完成塑料接线柱注射模具的试模过程，掌握注射成型工艺。

4.1.2 塑料接线柱制品的结构识读

1. 塑件接线柱制品图（图 4-1、图 4-2）

2. 塑件接线柱结构分析及材料的选择

（1）制件结构分析　如图 4-1 所示，接线柱的外观较为复杂。接线柱为某设备的内部结构件，外表面无特殊要求。从制件整体结构看，由于外部设有螺纹和方台，所以必须采用侧面分型抽芯机构成型。根据图 4-2 可知，接线柱的重要尺寸包括 42mm 、30.1mm 、19.6mm、

图 4-1　塑料接线柱三维图

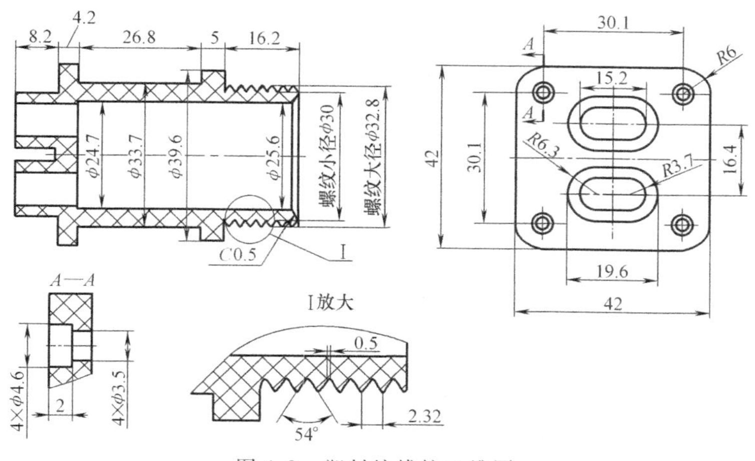

图 4-2　塑料接线柱二维图

15.2mm、16.4mm、φ25.6mm、φ24.7mm、φ33.7mm、螺纹大径 φ32.8mm、螺纹小径 φ30mm、16.2mm、5mm、26.8mm、4.2mm 和 8.2mm 等，尺寸精度一般。产品壁厚最大处为 4.5mm，最小处为 2.2mm，壁厚虽不是很均匀，但整体较厚，有利于注射成型。

（2）材料的选择　在使用过程中，接线柱受力不大，但不能过软、过脆。在常用塑料中，可能选用的材料包括丙烯腈-丁二烯-苯乙烯共聚树脂、改性聚苯乙烯、聚甲醛、尼龙等种类。在这些材料中，价格最贵的是尼龙，其次是聚甲醛，丙烯腈-丁二烯-苯乙烯共聚树脂较改性聚苯乙烯稍高，但二者的价格与聚甲醛、尼龙等材料相比要低得较多。

根据材料价格、性能以及零件的使用要求，接线柱的材料确定为丙烯腈-丁二烯-苯乙烯共聚树脂，即 ABS。

4.2　项目分析

4.2.1　塑料接线柱柱注射模具结构的识读

1. 模具结构图（图 4-3、图 4-4）所示。

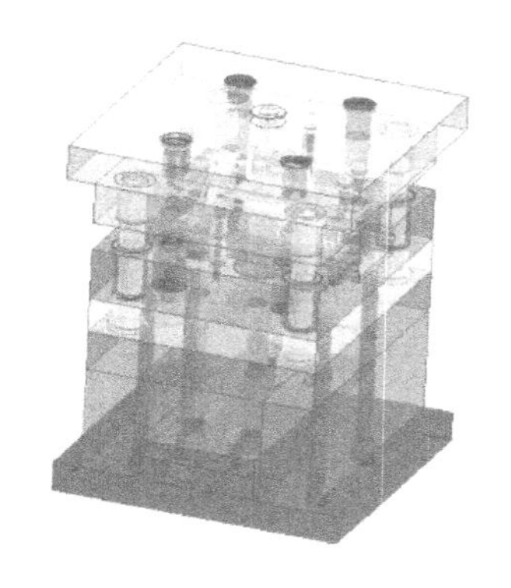

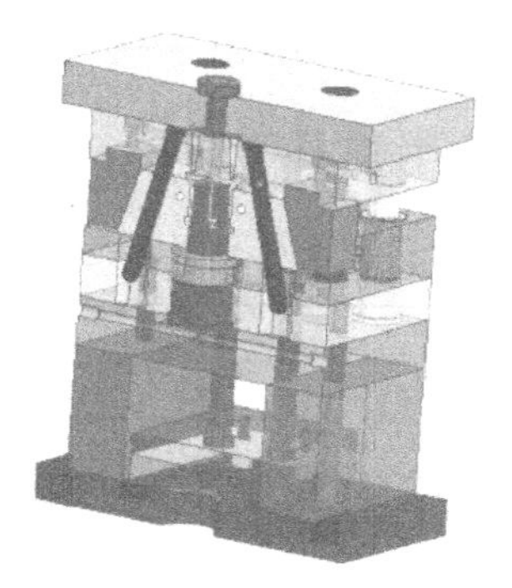

动画视频

图 4-3　塑料导光柱模具三维结构图

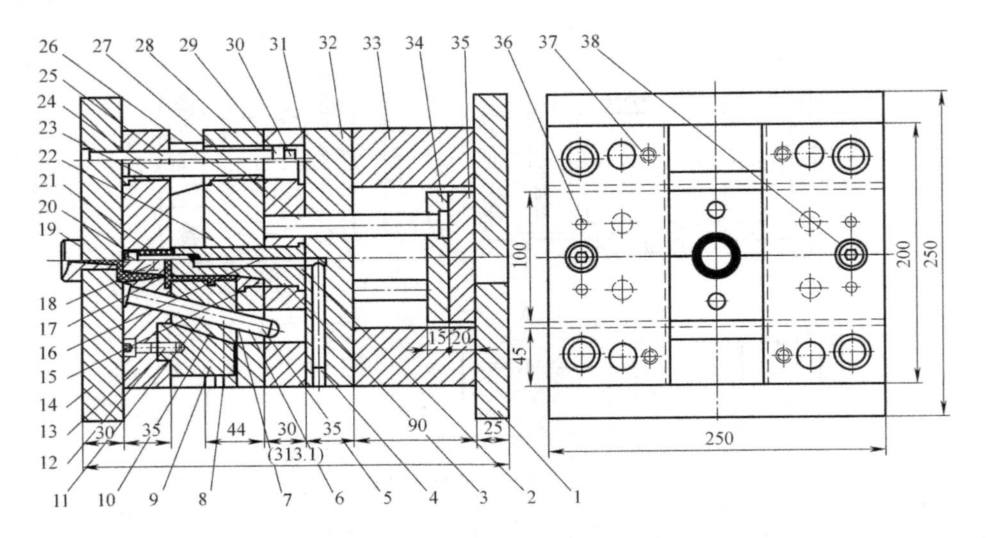

图 4-4 接线柱装配图

1—底板 2—密封条 3—动模型芯 4、5、28—水嘴 6—弹簧 7—钢珠 8—加长水嘴
9—锁紧块 10—哈夫块 11—斜导柱 12、20、30、36、37—螺钉 13—型腔板
14—定模底板 15—顶套 16—挡水板 17—小圆芯 18—上镶件 19—浇口套
21—胀套 22—顶板 23、26—导套 24—导柱 25—拉杆导柱
27—顶杆 29—挡圈 31—动模板 32—垫板 33—支脚
34—顶杆固定板 35—顶出底板 38—拉套

2. 塑料模具结构方案确定（表 4-1）

表 4-1 塑料接线柱模具结构方案的确定

名称	组成
成型系统	组合式凸模、凹模成型(零件 3、10、13、17、18)
浇注系统	点浇口、一模成型一件
导向系统	导柱、导套(零件 23、24、25、26)
顶出系统	顶杆推出、复位杆复位(零件 15、22、27、34、35)
冷却系统	型腔采用直通式冷却水道、型芯采用循环冷却水道
排气系统	排气槽、配合间隙
侧向分型系统	斜导柱带动哈夫抽芯(零件 9、10、11、12)
支承零件	模具固定的模板(零件 1、14、32、34)

4.2.2 塑料接线注射模具下料单（表 4-2）

表 4-2 塑料导光柱模具下料单

零件名称	材料	数量	尺寸	备注
底板	1	45	250mm × 250mm × 25mm	
动模型芯	1	P20	ϕ49mm × 98.1mm	
锁紧块	2	45	65mm × 56mm × 40mm	回火后硬度 26 ~ 30HRC
斜导柱	1	45	ϕ12mm × 120mm	购标准件
哈夫块	2	P20	76mm × 65mm × 48.1mm	
顶套	1	T8A	ϕ49mm × 19.5mm	渗碳后硬度 40 ~ 45HRC

（续）

零件名称	材料	数量	尺寸	备注
定模底板	1	45	250mm × 250mm × 30mm	
型腔板	1	P20	250mm × 200mm × 35mm	
主流道衬套	1	45	ϕ14mm × 30mm	购标准件
上镶件	2	P20	35mm × 15.3mm × 9.5mm	回火后硬度 26 ~ 30HRC
小圆芯	4	T8A	ϕ9mm × 35mm	回火后硬度 26 ~ 30HRC
顶杆	4	65Mn	ϕ12mm × 135mm	购标准件
导套	4	45	ϕ20mm × ϕ28mm × 30mm	购标准件
拉杆导柱	4	45	ϕ12mm × 140mm	购标准件
导柱	4	45	ϕ20mm × ϕ28mm × 30mm × 130mm	购标准件
导套	4	45	ϕ20mm × ϕ28mm × 35mm	购标准件
顶板	1	45	250mm × 200mm × 44mm	回火后硬度 26 ~ 30HRC
胀套	2	PA	ϕ16mm × 27mm	购标准件
动模座板	45	1	250mm × 230mm × 25mm	
顶出底板	1	45	250mm × 100mm × 20mm	
顶杆固定板	1	45	250mm × 100mm × 15mm	
支脚	2	45	250mm × 90mm × 45mm	
垫板	1	45	250mm × 200mm × 35mm	
动模板	1	45	250mm × 200mm × 30mm	

4.3 项目实施

4.3.1 塑料接线柱模具零部件制造

塑料接线柱注射模具根据其塑件的特点，其加工的难点主要是成型零件的加工，在加工中选用合理的加工方法，保证凸、凹模同轴度和斜滑块的加工精度，从而保证塑件的质量。

1. 凸模零件加工工艺

（1）小圆芯的加工工艺　安装在型腔板内的件 17 小圆芯（图 4-5）。

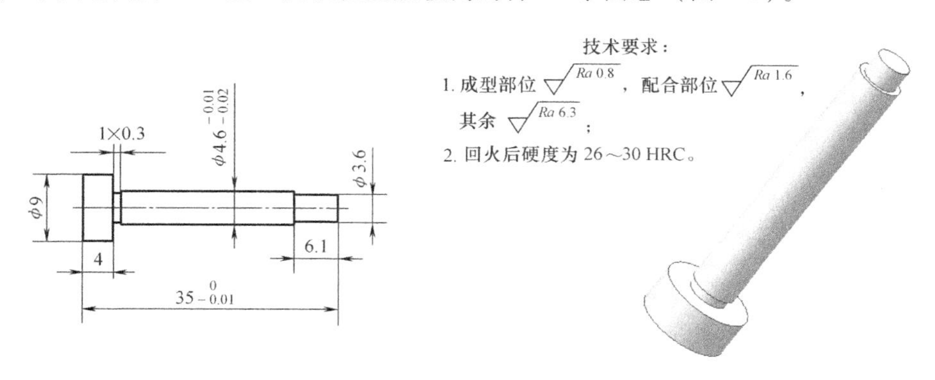

图 4-5　小圆芯三维及零件图

1）零件工艺性分析。小圆芯安装在型腔板内小圆芯成型塑件上的圆孔，共需 4 件。

零件材料：T8A 钢，退火状态时的可加工性能好，淬火前无特殊加工问题，故加工中不需要采取特殊工艺措施。

主要技术条件分析：凸模表面的表面粗糙度 $Ra0.8\mu m$；配合部位尺寸精度 IT7、表面粗糙度 $Ra0.8\mu m$。

2）零件制造工艺设计。

① 零件各表面终加工方法及加工路线。主要表面可能采用的加工方法：成型部位尺寸精度 IT7、表面粗糙度 $Ra0.8\mu m$，应车床和外圆磨床。整体加工原则为：下料—粗车—精车—磨削。

② 选择设备、工装。设备：采用车床、磨削采用外圆磨床设备。工装：零件粗加工、半精加工和精加工采用自定心卡盘固定。刀具：车刀、面铣刀和砂轮等。量具：量规和游标卡尺等。

③ 小圆芯加工工艺方案。小圆芯加工工艺方案见表 4-3。

表 4-3　小圆芯加工工艺方案

工序号	工序名称	工序内容的要求	加工设备	工艺装备
1	备料	圆棒料 ϕ10mm×190mmT8A 钢		
2	热处理	调质至硬度 26～30HRC		
3	车削加工	车外圆 ϕ9mm、$\phi4.6^{-0.01}_{-0.02}$mm 和 ϕ3.6mm；按图样规定长度切断	车床	外圆车刀
4	外圆磨	磨 ϕ3.6mm 至尺寸，保证表面粗糙度要求	外圆磨床	砂轮
5	检验	按图样要求进行检验		卡尺

（2）上镶件的加工工艺　在接线柱模具中，图 4-6 所示上镶件共需加工两件。由于零件尺寸较小，所以应将两个零件一起下料。

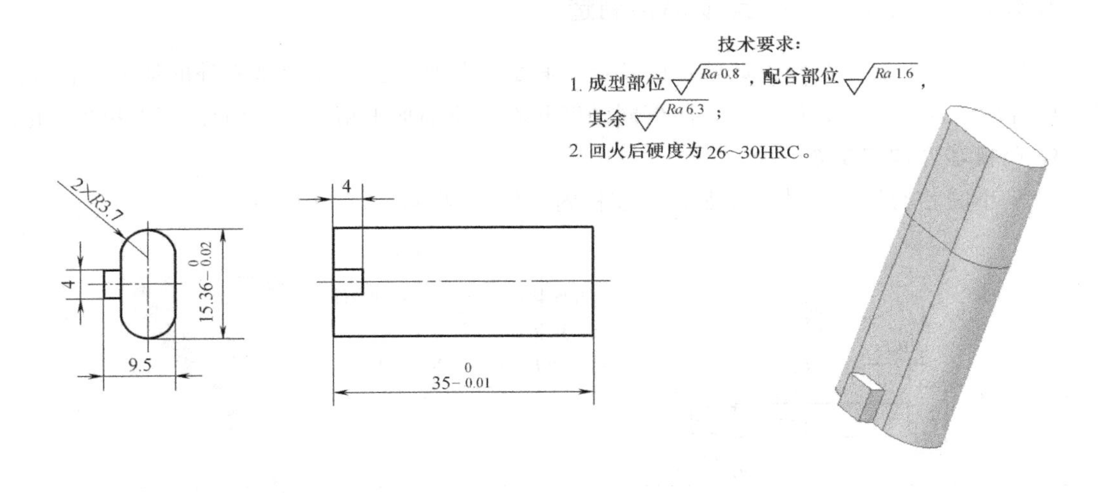

图 4-6　上镶件三维及零件图

1）零件工艺性分析。此零件为镶件与型腔组装成型塑件异形孔，成型两个孔。

零件材料：P20 模具钢，其综合力学性能好、淬透性高，可使较大的截面获得较均匀的硬度，有很好的抛光性能，表面粗糙度值低，预先硬化处理，经机加工后可直接使用，必要时可表面渗氮处理。

主要技术条件分析：镶件表面 $Ra0.8\mu m$；配合部位尺寸精度 IT7，表面粗糙

度 $Ra1.6\mu m$。

2）零件制造工艺设计。

① 零件各表面终加工方法及加工路线。主要表面可能采用的加工方法：成型部位尺寸精度 IT7、表面粗糙度 $Ra0.8\mu m$，型面采用电火花线切割加工，台面采用铣床加工。整体加工原则：下料—粗铣—磨削—电火花线切割—划线—铣—打光。

② 选择设备、工装。设备：型面采用电火花线切割机床加工；铣削采用铣床、磨削采用平面磨床设备。

工装：零件粗加工、半精加工和精加工采用机用平口钳固定。刀具：平面铣刀和砂轮等。量具：量规和游标卡尺等。

③ 镶件加工工艺方案。镶件加工艺方案见表 4-4。

表 4-4 镶件加工工艺方案

工序号	工序名称	工序内容的要求	加工设备	工艺装备
1	备料	P20，40mm×20mm×15mm		
2	铣床加工	铣两平面，保证高度尺寸为 35.6mm	铣床	机用平口钳、面铣刀
3	热处理	调质至硬度 26～30HRC		
4	磨削	磨上下两面，保证高度尺寸为 $35_{-0.01}^{0}$ mm	平面磨床	砂轮
5	电火花线切割	加工型面，加工带有台阶的零件外形	电火花线切割机床	
6	钳工	钳工根据零件图划台阶线		钳工工具
7	铣床加工	铣台阶达高度尺寸	铣床	机用平口钳、球铣刀
8	检验	按图样要求进行检验		游标卡尺、内径千分尺等

（3）动模型芯（图 4-7）的加工工艺

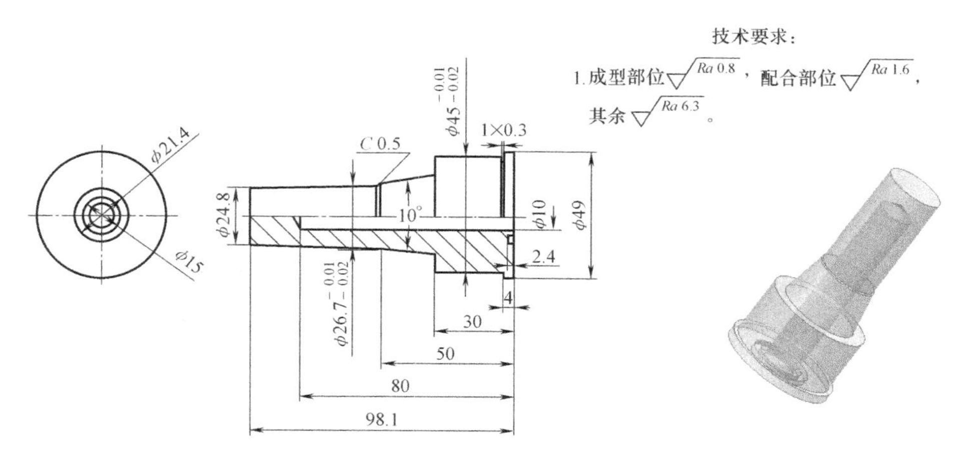

图 4-7 动模型芯三维及零件图

1）零件工艺性分析。此零件为动模型芯与动模板连接，成型接线柱的内表面。

① 零件材料：P20 模具钢，其综合力学性能好、淬透性高，可使较大的截面获得较均匀的硬度，有很好的抛光性能，表面粗糙度值低，预先硬化处理，经机加工后可直接使用，必要时可表面渗氮处理。

② 主要技术条件分析：配合部位尺寸精度 IT7，表面粗糙度 $Ra1.6\mu m$。

2）零件制造工艺设计。

① 零件各表面终加工方法及加工路线。主要表面可能采用的加工方法：成型部位尺寸精度 IT7，表面粗糙度 $Ra0.8\mu m$，采用车床铣床加工。整体加工原则：下料—粗车—精车—研磨。

② 选择设备、工装。设备：外圆面采用普通车床加工，台面采用铣床，磨削采用外圆磨床。工装：零件粗加工、半精加工和精加工采用自定心卡盘固定。刀具：车刀、铣刀、砂轮。量具：内径量规和游标卡尺等。

③ 动模型芯加工工艺方案。动模型芯加工工艺方案见表 4-5。

表 4-5　动模型芯加工工艺方案

工序号	工序名称	工序内容的要求	加工设备	工艺装备
1	备料	P20 棒料，尺寸 ϕ50mm × 105mm		
2	车削加工	车外圆 ϕ49mm 及 $\phi45_{-0.02}^{-0.01}$ mm，车大端 $\phi26.7_{-0.02}^{-0.01}$mm 小端为 ϕ24.8mm 的锥面；车倒角 C0.5；车 10°的圆锥面；车端面环槽及 ϕ10mm 内孔；按图样规定长度切断	车床	外圆车刀
3	检验	按图样要求进行检验		卡尺

（4）顶套（图 4-8）的加工工艺

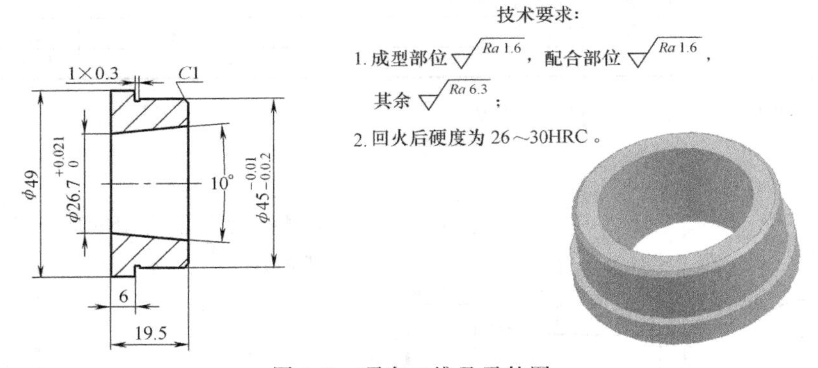

图 4-8　顶套三维及零件图

1）零件工艺性分析。此零件为安装在顶板内成型塑件的顶出零件。

① 零件材料：T8A 钢，其退火状态时切削加工性能好，淬火前无特殊加工问题，故加工中不需要采取特殊工艺措施。

② 主要技术条件分析：配合部位尺寸精度 IT7、表面粗糙度 $Ra1.6\mu m$。

2）零件制造工艺设计。

① 零件各表面终加工方法及加工路线。主要表面可能采用的加工方法：成型部位按尺寸精度 IT7、表面粗糙度 $Ra1.6\mu m$，应车床和外圆磨床。整体加工原则：下料—粗车—精车—磨削。

② 选择设备、工装。设备：采用车床、磨削采用外圆磨床设备。工装：零件粗加工、半精加工和精加工采用自定心卡盘装夹。刀具：车刀和砂轮等。量具：量规、内径千分尺和游标卡尺等。

③ 顶套加工工艺方案。项套加工工艺方案见表4-6。

表 4-6 顶套加工工艺方案

工序号	工序名称	工序内容的要求	加工设备	工艺装备
1	备料	T8A 棒料,尺寸 ϕ50mm×25 钢		
2	车削加工	车外圆至 ϕ49.6mm 及 ϕ45.6mm,倒角 $C1$;车内孔 ϕ25mm;车内部斜面,留磨量;按图样规定长度切断	车床	外圆车刀 内圆车刀
3	热处理	淬火 40~45HRC		
4	外圆磨	磨外圆及内孔至尺寸、保证表面粗糙度要求	外圆磨床	砂轮
5	检验	按图样要求进行检验		内径千分尺和 游标卡尺等

2. 模板类零件加工

(1) 型腔板（图4-9、图4-10）的加工

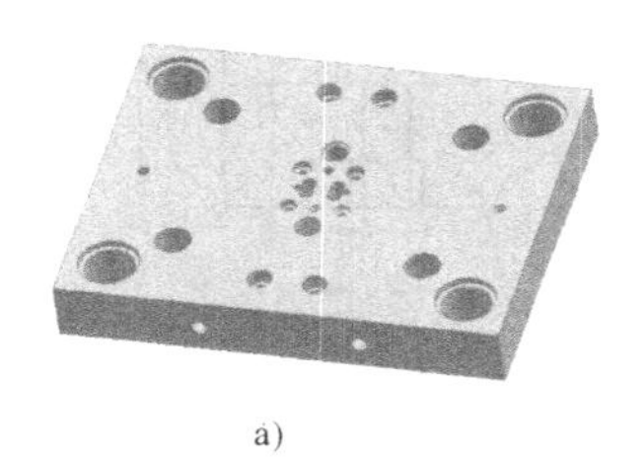

a)

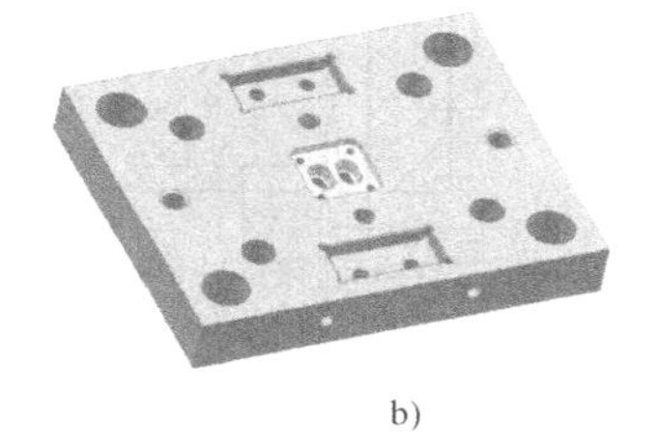

b)

图 4-9 型腔板三维图

a) 正面 b) 反面

1) 零件工艺性分析。此零件为定模型腔，它与成型接线柱的外表面。

① 零件材料：P20 模具钢，其综合力学性能好、淬透性高，可使较大的截面获得较均匀的硬度，有很好的抛光性能，表面粗糙度值低，预先硬化处理，经机加工后可直接使用，必要时可表面渗氮处理。

② 主要技术条件分析：成型部位表面粗糙度 $Ra0.8\mu m$，配合部位尺寸精度（$42.18^{+0.02}_{0}$ mm×$42.18^{+0.02}_{0}$mm）。尺寸精度 IT7 级。

2) 零件制造工艺分析。

① 零件各表面终加工方法及加工路线。主要表面可能采用的加工方法：型腔部位尺寸精度 IT7，表面粗糙度 $Ra0.8\mu m$，应采用数控铣、研磨加工（或高速铣）即可；ϕ10H7 应采用钻—扩—精铰；外形尺寸 250×200×(35±0.01) 应采用粗铣—半精铣—磨来保证。其他表面终加工方法：结合表面加工及表面形状特点，其他各孔及型面加工采用数控铣床加工完成。配合外平面［250×200×(35±0.01)］：铣—磨。制件成型面：数控铣—研磨或高速铣。孔系：数控铣床钻孔—扩—精铰。螺纹：钻—扩—攻螺纹。点浇口锥孔：电火花成型加工—研磨。整体加工原则：下料—粗铣—精铣—磨—数控铣—电火花加工—研磨或抛光。

② 选择设备、工装。设备：铣削采用立式铣床，磨削采用平面磨床，制件表面及孔系加工采用数控铣床和电火花机床加工。工装：零件粗加工、半精、精加工采用机用平口钳装

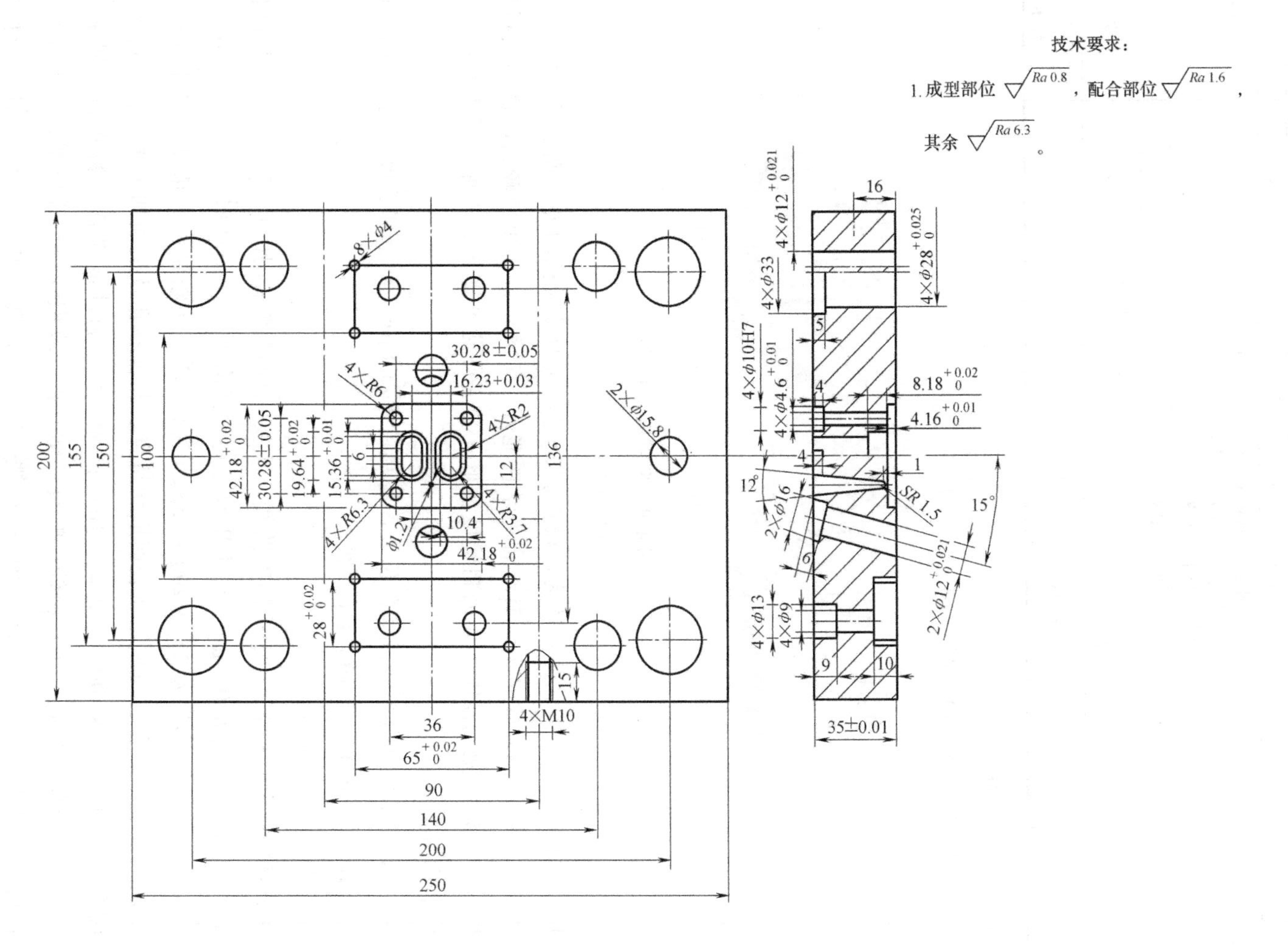
技术要求：
1.成型部位 Ra 0.8 ，配合部位 Ra 1.6 ，
其余 Ra 6.3 。
8×φ4
30.28±0.05
16.23+0.03
4×R6
4×R2
2×φ15.8
42.18 +0.02 0
30.28±0.05
19.64 +0.02 0
15.36 +0.01 0
6
12
136
4×R6.3
4×R3.7
φ1.2
10.4
42.18 +0.02 0
28 +0.02 0
15
4×M10
36
65 +0.02 0
90
140
200
250
200
155
150
100
16
4×φ12 +0.021 0
4×φ28 +0.025 0
4×φ33
5
4×φ10H7
4×φ4.6 +0.01 0
4
8.18 +0.02 0
4.16 +0.01 0
4
1
12°
SR1.5
15°
2×φ16
6
2×φ12 +0.021 0
4×φ13
4×φ9
9
10
35±0.01
图4-10　型腔板零件图

夹。刀具：中心钻、麻花钻、丝锥、铰刀、面铣刀、球头铣刀、立铣刀和砂轮等。量具：内径千分尺、量规和游标卡尺等。

③ 型腔板加工工艺方案。型腔板加工工艺方案见表4-7。

表4-7 型腔板加工工艺方案

工序号	工序名称	工序内容的要求	加工设备	工艺装备
1	备料	按尺寸255mm×205mm×40mm备P20料		
2	铣削加工	铣削六面至尺寸250.6mm×200.6mm×35.6mm，留0.6mm后序加工余量	普通平面铣床	机用平口钳、面铣刀
3	平磨	磨六面250mm×200mm×(35±0.01)mm至尺寸，保证表面粗糙度要求	普通平面磨床	砂轮
4	数控铣加工	钻—扩—铰 模板上的孔至尺寸并保证表面粗糙度要求；铣异形型腔留后序研磨量锁紧块安装槽及上镶件固定孔及台阶线；钻—扩螺纹底孔、加工M10螺孔	数控铣床	机用平口钳、钻头、铰刀、球铣刀、立铣刀和M10丝锥等
5	电火花加工	加工点浇口锥孔	电火花成形机	机用平口钳、电极
6	钳工	与锁紧块、哈夫块、顶板组装好，组合钻、铰斜导柱孔；锪斜导柱台阶孔	立式钻床	钻头
7	钳工	成型部抛光	抛光机	
8	检验	按图样要求进行检验		游标卡尺和内径千分尺等

（2）顶板（图4-11、图4-12）的加工

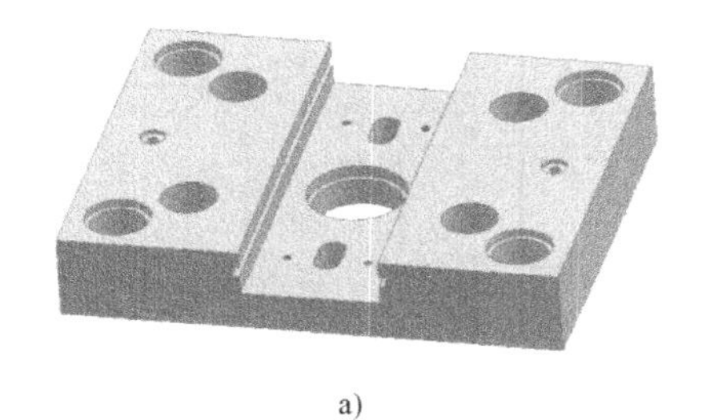
a)

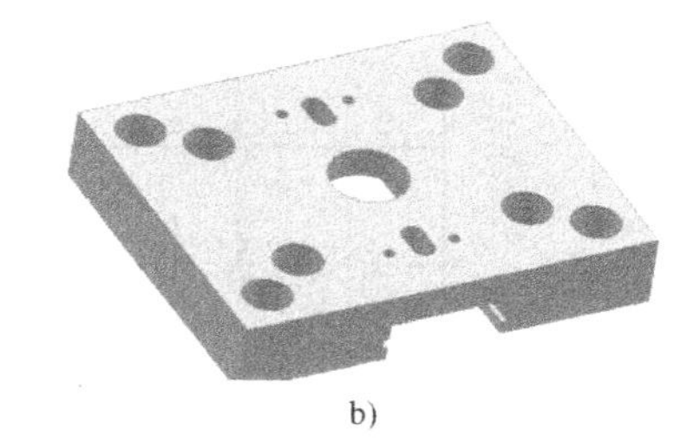
b)

图4-11 顶出板三维图

a）正面 b）反面

1）零件工艺性分析。

① 零件材料：45钢调质，调质后可加工性能良好，无特殊加工要求，加工中不需采取特殊的加工工艺措施。

② 主要技术要求分析：4×ϕ33H7、4×ϕ28H7、4×ϕ20H7、ϕ45H7孔尺寸精度要求IT7，表面粗糙度Ra6.3μm，滑道槽与动模板组合车顶套固定孔等其精度要求较高的部位需采用数控铣（或加工中心）加工来成。钳工钻哈夫块定位孔并套螺纹。

2）零件制造工艺分析。

① 零件加工工艺路线。数控铣（或加工中心）完成孔系及滑道槽与动模板组合车顶套固定孔的加工来完成；其余部位的孔的加工由钳工完成。整体加工原则：下料—粗铣—精铣—磨削—数控铣—组合钻—研磨或抛光。

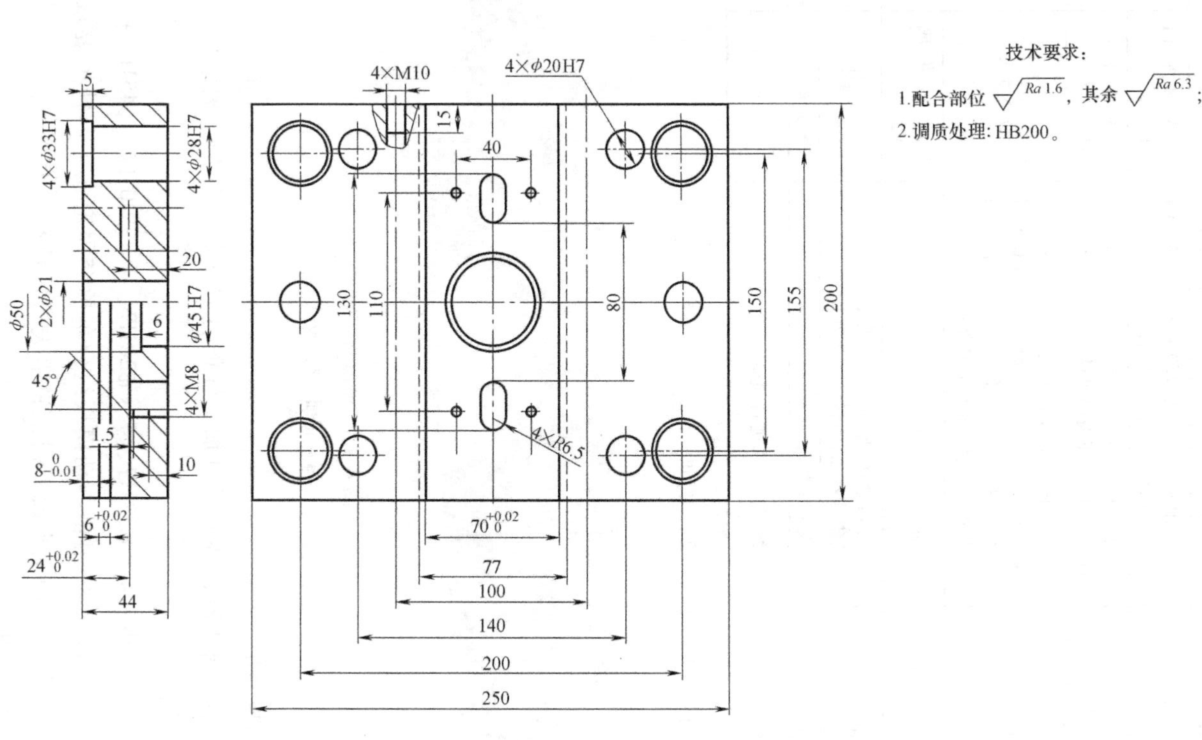
技术要求：
1.配合部位 Ra 1.6，其余 Ra 6.3；
2.调质处理：HB200。
4×M10
4×φ20H7
4×R6.5
4×φ33H7
4×φ28H7
2×φ21
φ45 H7
φ50
4×M8
45°
1.5
8 0 -0.01
6 +0.02 0
24 +0.02 0
44
5
20
6
10
15
40
80
130
110
150
155
200
70 +0.02 0
77
100
140
200
250

图 4-12　顶板零件图

② 选择设备、工装。设备：粗铣、半精铣铣平面采用普通立式铣床，通孔及阶梯孔的加工采用数控铣床，上下平面的精加工采用平面磨床加工。工装：压板、垫块和机用平口钳等。刀具：麻花钻、铰刀、面铣刀、立铣刀和砂轮等。量具：内径千分尺和游标卡尺等。

③ 顶板加工工艺方案。顶板加工艺方案见表4-8。

表4-8　顶板加工工艺方案

工序号	工序名称	工序内容的要求	加工设备	工艺装备
1	备料	备45钢，尺寸255mm×205mm×50mm		
2	热处理	调质处理，硬度200HBW		
3	铣削加工	铣削六面至尺寸250.6mm×200.6mm×35.6mm，留0.6mm后序加工余量	普通平面铣床	机用平口钳、面铣刀
4	平磨	磨六面至尺寸250h7×200h7×(35±0.01)mm，保证表面粗糙度要求	普通平面磨床	砂轮
5	数控铣加工	钻—扩—铰 模板上的孔至尺寸并保证表面粗糙度要求；滑道斜导柱干涉的部分，钻—扩螺纹底孔、加工M8螺纹孔	数控铣床	机用平口钳、各种钻头、铰刀、球头铣刀、立铣刀、M8丝锥等
6	车削	与动模板组合车顶套固定孔	车床	镗刀
7	钳工	钻哈夫块定位孔并套螺纹4×M8	立式钻床	M8丝锥等
8	检验	按图样要求检验		

3. 侧向成型零件的加工

(1) 哈夫块（图4-13、图4-14）的加工

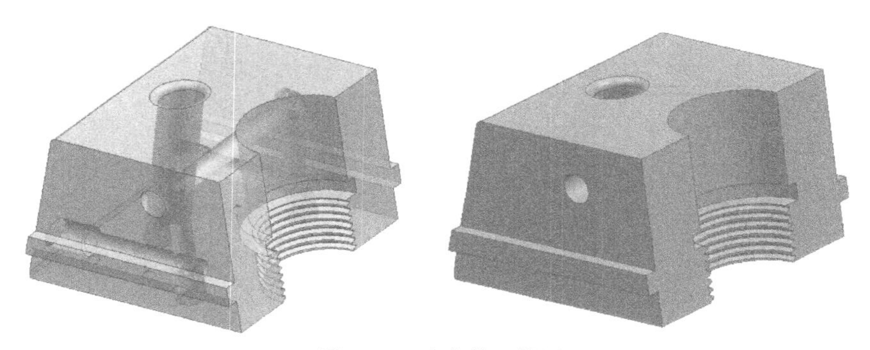

图4-13　哈夫块三维图

1）零件工艺性分析。

① 零件材料　T8A钢，退火状态时可加工性良好，在淬火前无特殊加工问题，故加工中不需采取特殊工艺措施。

② 零件组成表面　平面、斜面、螺纹型腔和孔等。

③ 主要技术要求分析　螺纹型腔部位表面粗糙度 $Ra0.8\mu m$，配合部位表面粗糙度 $Ra1.6\mu m$，与动模板配作，其余各面表面粗糙度 $Ra6.3\mu m$，该零件制作对称的两件，滑动部位局部或整体调质，硬度为26～30HRC。

2）技术要求。

① 材料为T8A。

② 此零件加工成相互对称的两件。

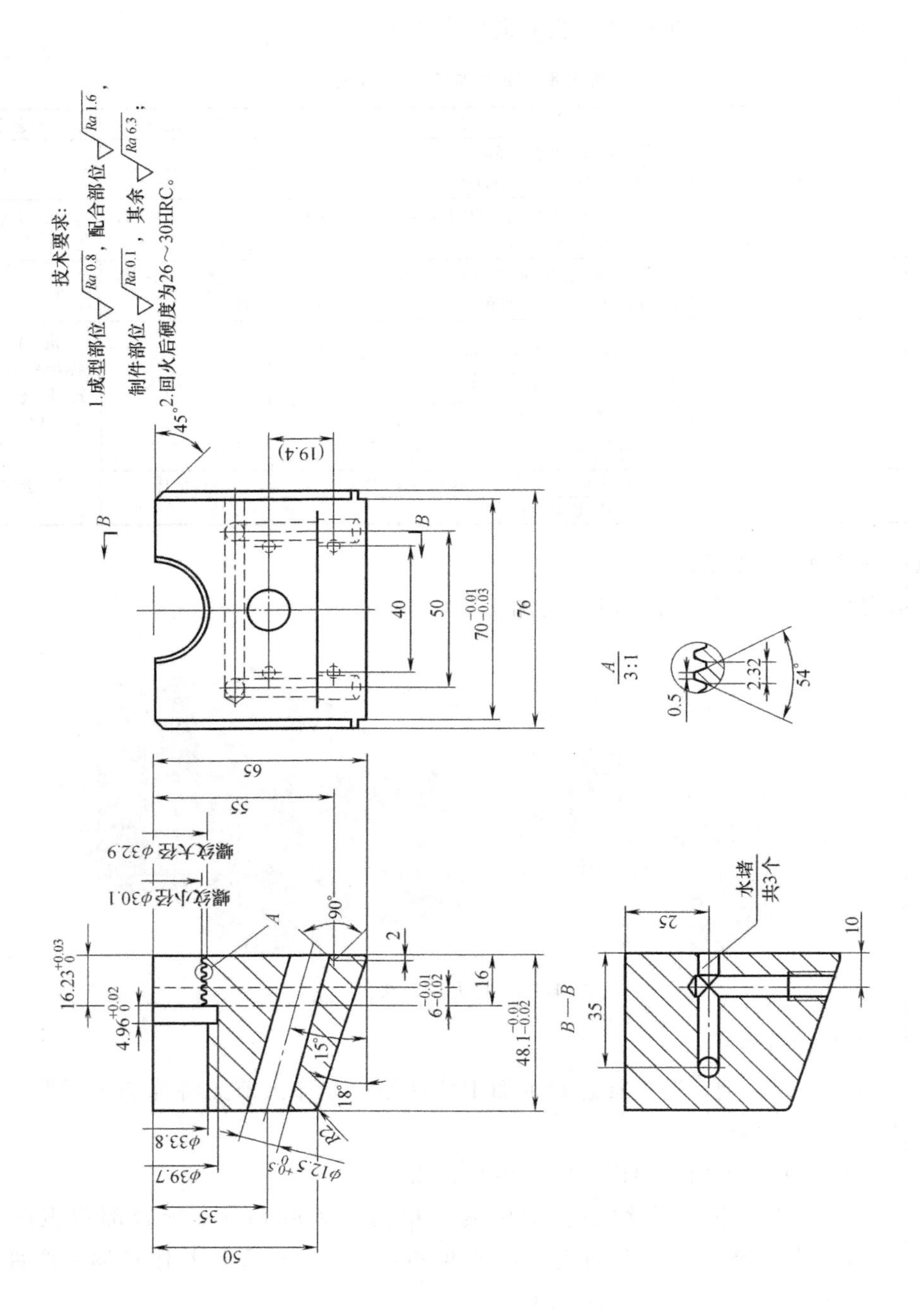

技术要求：
1.成型部位 Ra 0.8，配合部位 Ra 1.6，
制件部位 Ra 0.1，其余 Ra 6.3；
2.回火后硬度为26～30HRC。
45°
(19.4)
B
40
50
70 -0.01 -0.03
76
A
3:1
0.5
2.32
54°
65
55
螺纹大径 φ32.9
螺纹小径 φ30.1
90°
2
16
6 -0.01 -0.02
48.1 -0.01 -0.02
16.23 +0.03 0
4.96 +0.02 0
15°
18°
R2
φ33.8
φ39.7
φ12.5 +0.5 0
35
50
B—B
25
水堵
共3个
10

图 4-14　哈夫块二维图

③ 制件部分的脱模斜度为1°。

④ 制件部分的表面粗糙度为 $Ra0.1\mu m$。

⑤ 滑动部位局部或全部淬火 26～30HRC。

3）零件制造工艺编制。

① 零件各表面加工方法及加工路线。主要表面可能采用的加工方法：零件尺寸精度 IT7，表面粗糙度 $Ra1.6\mu m$ 或表面粗糙度 $Ra6.3\mu m$，应采用精铣或磨削加工，螺纹型腔部位表面粗糙度 $Ra0.8\mu m$，应采用铣床和电火花、研磨和抛光加工来完成。总体加工路线：下料—粗铣、半精铣—平磨—划线—钻—数控铣—热处理—电火花加工—抛光。

② 选择设备、工装。设备：铣削采用立式铣床，钻削采用台式钻床，磨削采用平面磨床，成型部位采用电火花机床。工装：零件粗加工、半精加工和精加工采机用用平口钳装夹。刀具：铣刀、麻花钻、丝锥、砂轮、工具电极和研磨工具等。量具：千分尺、游标卡尺和三坐标测量仪等。

③ 哈夫块加工工艺方案　哈夫块的加工工艺方案见表4-9。

表4-9　哈夫块的加工工艺方案

工序号	工序名称	工序内容的要求	加工设备	工艺装备
1	备料	按尺寸 70mm×80mm×52mm 备一对 T8A 钢锻件		
2	热处理	退火处理		
3	铣削	粗铣、半精铣六面，各面尺寸留后序磨削余量1mm(暂不出斜面)	普通铣床	机用平口钳、平面铣刀
4	磨削	磨光平面厚度达 65.4mm × 76.4mm ×48.4mm	平面磨床	砂轮
5	钳工	划线，钻孔水道孔	工作台	钻头
6	铣削	精铣各部斜面、圆角至尺寸	数控铣	机用平口钳、面铣刀、立铣刀、分度盘等
7	检验	工序中间检验		游标卡尺、千分尺
8	热处理	硬度 26～30HRC		
9	磨削	磨光平面厚度达 65mm×76mm×48mm	平面磨床	砂轮
10	电火花	按粗、精加工顺序，加工型腔尺寸，留研磨量	电火花成形机	机用平口钳、电极
11	研磨	研磨异形型腔达表面粗糙度要求		研磨工具、研磨膏
12	检验	按照图样检验		游标卡尺、千分尺三坐标测量仪

（2）锁紧块（图4-15、图4-16）的加工

1）零件工艺性分析。

① 零件材料：45钢淬火，淬火后其可加工性能良好，无特殊加工要求，加工中不需采取特殊的加工工艺措施。

② 零件组成表面：平面、斜面、螺纹型腔、孔等组成。

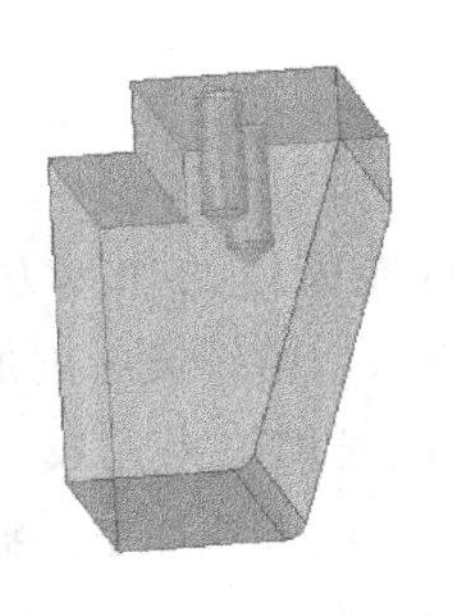

图 4-15　锁紧块三维图

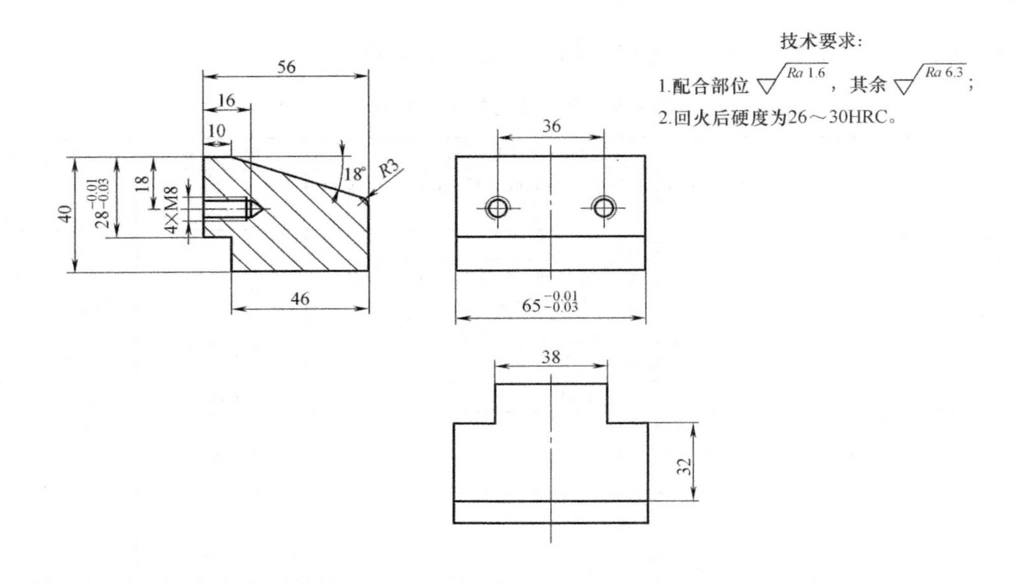

图 4-16　锁紧块零件图

③ 主要技术要求分析：配合部位表面粗糙度 $Ra1.6\mu m$，与动模板配作，其余各面表面粗糙度 $Ra3.2\mu m$，该零件制作对称的两件，滑动部位局部或整体硬度 26 ~ 30HRC。

2）零件制造工艺编制。

① 零件各表面加工方法及加工路线。主要表面可能采用的加工方法：零件中尺寸精度 IT7，表面粗糙度 $Ra1.6\mu m$ 或表面粗糙度 $Ra6.3\mu m$，应采用数控铣或磨削加工来完成。总体加工路线：下料—粗铣、半精铣—平磨—划线—钻—数控铣—热处理—抛光。

② 选择设备、工装。设备：铣削采用立式数控铣床，钻削采用台式钻床，磨削采用平面磨床。工装：零件粗加工、半精加工和精加工采用机用平口钳装夹。刀具：铣刀、麻花钻、丝锥、砂轮、工具电极研磨工具等。量具：千分尺、游标卡尺和三坐标测量仪等。

③ 锁紧块的加工工艺方案锁紧块的加工工艺方案见表 4-10。

表 4-10　锁紧块加工工艺方案

工序号	工序名称	工序内容的要求	加工设备	工艺装备
1	备料	按尺寸 45mm×70mm×60mm 备一对 45 钢锻件		
2	热处理	退火处理		
3	铣削	粗铣、半精铣六面，各面尺寸留后序磨削余量 1mm（暂不出斜面）	普通铣床	机用平口钳、平面铣刀
4	磨削	磨光平面厚度达 40.4mm×65.4mm×56.4mm	平面磨床	砂轮
5	钳工	划线	工作台	钻头
6	铣削	精铣各部斜面、圆角至尺寸	数控铣	机用平口钳、面铣刀、立铣刀、分度盘等
7	检验	工序中间检验		游标卡尺、千分尺
8	热处理	硬度 26～30HRC		
9	磨削	磨光平面厚度达 40mm×$65^{-0.01}_{-0.03}$ mm×56mm	平面磨床	砂轮
10	钳工	划线、钻孔：钳工根据零件图划外形线及螺钉孔中心线	工作台	
11	数控铣床	铣出锁紧块外形		研磨工具、研磨膏
12	钳工	攻螺纹、锉圆角	台钻	钻头
13	检验	按照图样要求检验		游标卡尺、千分尺、三坐标测量仪

4.3.2　塑料接线柱模具的装配

1. 接线柱零部件的装配

在接线柱模具中，需要首先进行部装的零件包括哈夫块及水堵，型腔板、锁紧块及螺钉，哈夫块定位丝堵、弹簧及钢珠等。

（1）哈夫块及水堵的装配（图 4-17）　在接线柱模具哈夫块上，设有冷却水通道。为了控制冷却水流向，需在哈夫块侧面安装一个水堵，底面安装两个水堵。

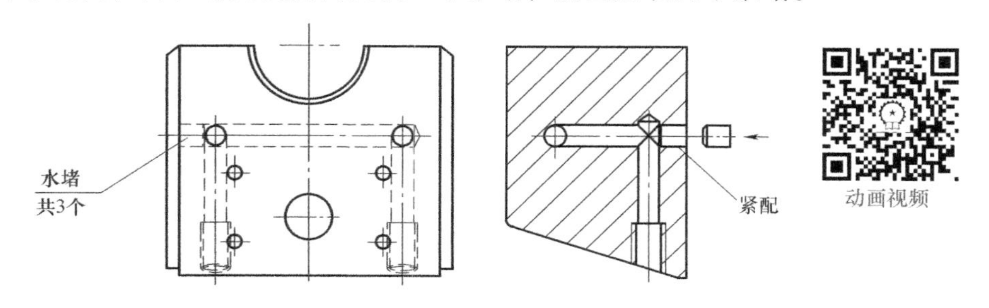

图 4-17　哈夫块与水堵

哈夫块与水堵的装配关系如图 4-18 所示。安装时的具体步骤如下。

1）测量配车后的水堵长度，确保实际长度与所需尺寸相符并去毛刺。

2）将水堵紧配入哈夫块，确保水堵尾端与哈夫块表面平齐。

（2）型腔板、锁紧块及螺钉的装配　型腔板、锁紧块及螺钉的装配关系如图4-19所示。安装时的具体步骤如下。

1）修整型腔板上的锁紧块安装槽，去毛刺。

2）将锁紧块研入锁紧块安装槽。

3）用螺钉将锁紧块与型腔板紧固。

4）修磨哈夫块斜面，使锁紧块能够将哈夫块锁紧。

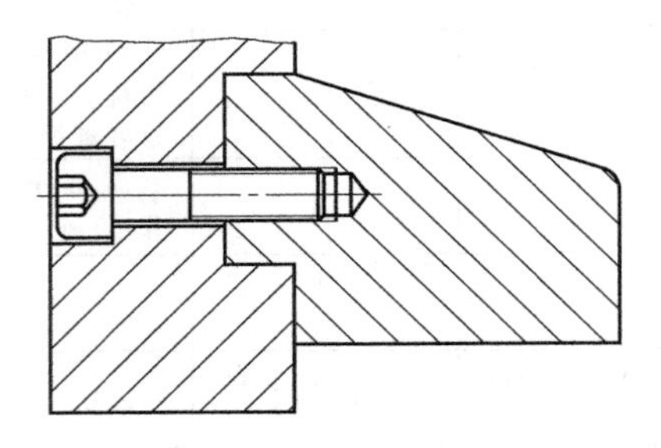

图4-18　型腔板、锁紧块与螺钉

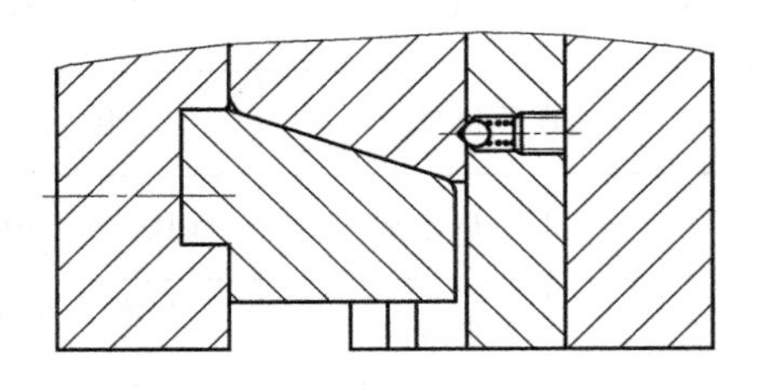

图4-19　丝堵、弹簧与钢珠

（3）哈夫块定位丝堵、弹簧及钢珠的装配　哈夫块定位丝堵、弹簧及钢珠的装配关系如图4-20所示。安装时的具体步骤如下。

1）将顶板、哈夫块及锁紧块、型腔板、螺钉组装好。

2）在顶板及哈夫块底部组合钻弹簧、钢珠孔并攻螺纹。

3）将型腔板、螺钉、锁紧块、斜导柱和哈夫块、顶板分别组装好后开模，确定哈夫块移动后的具体位置。

4）复钻哈夫块上的锥坑。

5）将钢珠、弹簧及丝堵依次装入顶板。

2. 塑料接线柱定模部分的装配（图4-21）

1）将主流道衬套装入定模底板。

2）将导套、小圆芯及上镶件装入型腔板。

3）用螺钉将锁紧块与型腔板紧固。

4）将斜导柱装入型腔板，并将其尾部露出处磨平。

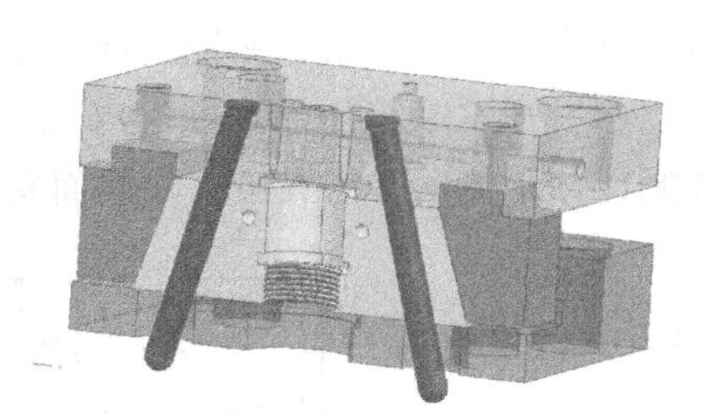

图4-20　哈夫零件装配关系

5）用拉杆导柱将定模底板和型腔板穿在一起。

6）用螺钉将挡圈固定在拉杆导柱上。

安装要点：导套装入时，应注意原来拆卸时所做的记号；装入后，应注意观察导套是否能与导柱正常滑配。定模部分装配完成后，应确保型腔板在拉杆导柱上动作平稳、灵活。

3. 塑料接线柱动模部分的装配（图4-22）

1）将导柱装入动模板。

2）将装有挡水板的动模型芯和拉套装入动模板。

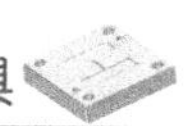

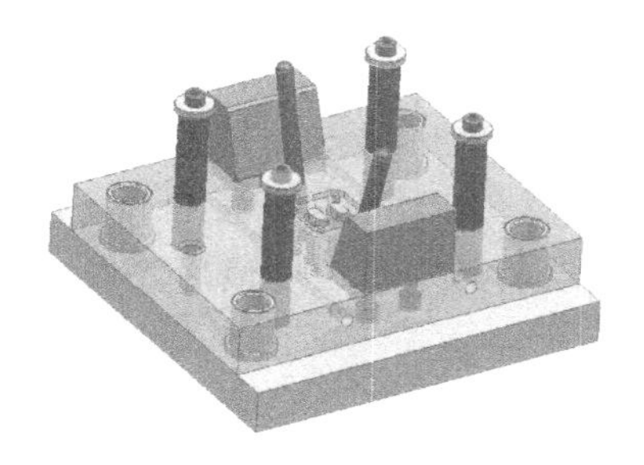
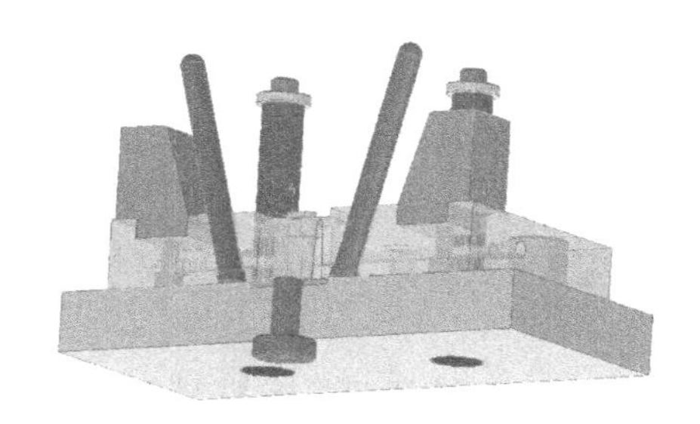

图 4-21 定模部分装配

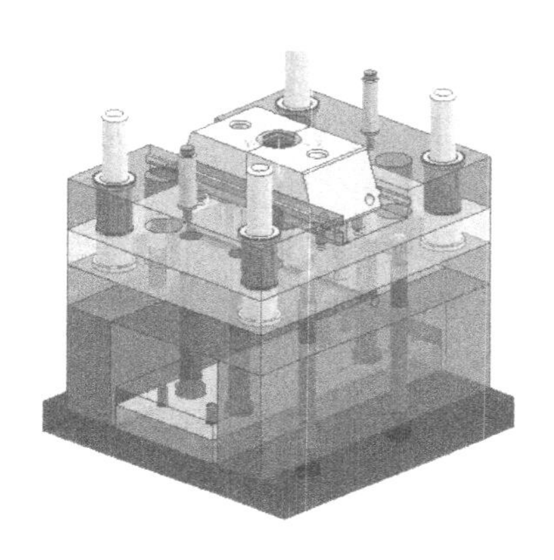
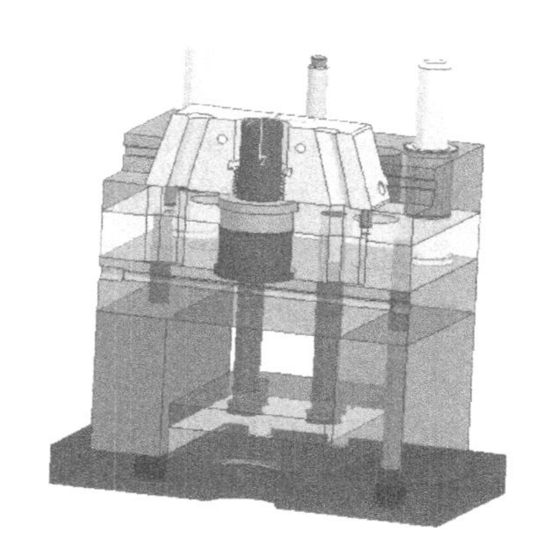

图 4-22 动模组装剖视图

3）以挡水板作基准，将垫板扣在动模板上。

4）将装入顶杆固定板的顶杆穿入垫板和动模板。

5）用螺钉将顶出底板与顶杆固定板紧固。

6）将动模底板、支脚、垫板及动模板用螺钉紧固。

7）将装好导套、顶套及哈夫块定位装置的顶板装在模具动模板上。

8）将装好长水嘴的哈夫块装入顶板。

9）用螺钉将胀套固定在拉套上。

安装要点：将导柱装入动模板时，应注意拆卸时所做的记号，避免将方位装错；顶杆装配后，应动作灵活，避免磨损。

4.3.3 塑料接线柱注射模具的安装与调试

1. 注意事项

（1）试模前 了解制件材料、功能、外观、几何尺寸，以及模具结构、动作过程等内容，并与模具装配人员一起对模具进行预检。在确定模具总体及外形尺寸符合已选定的注射机之后，要进一步确认是否有可以使模具处于平衡吊装状态的吊环孔。由于接线柱模具采用哈夫分型抽芯机构，所以必须仔细检查哈夫块及锁紧块，确保模具的活动部分不会在模具吊装过程中开启。

（2）模具的安装与固定　在注射机上安装哈夫结构的模具时，应尽量采用整体吊装。当模具定位环进入注射机定模固定板上的定位孔后，调整模具方位并慢速闭合注射机动模板，再用螺钉和压板压紧模具定模板。将模具动模部分初步固定后，慢速开闭模具3～5次，待模具动作平稳、灵活后，将其底板紧固在注射机动模固定板上。最后，进行冷却水路的连接。

（3）模具与注射机的调整　模具安装完毕后，应进行空运转检查与调试，并对注射机和模具进行调整与检验。在完成锁模机构、开模距离及顶出距离的调整后，还应检查模具的冷却水路是否通畅，有无泄漏现象。正式试模前，应对接线柱模具进行5～10次空运转检查，以验证模具各部分的工作状况是否正常，尤其是哈夫块的打开与复位等动作，应进行重点检查。

（4）模具的调试试模准备工作完成后，应将模具所需原料加入注射机料筒，并根据相关工艺调整注射机工艺参数。接线柱模具使用的塑料材料为在80～90℃温度下，加热2～4h之后的ABS。在模具的试模过程中，要调整温度、压力及成型周期等工艺参数，并随时分析并设法解决所出现的各种问题，为修模和正式生产打下良好的基础。

2. 试模前工艺准备

（1）工艺特性　接线柱模具所选用的制件材料为丙烯腈-丁二烯-苯乙烯共聚树脂，英文缩写为ABS。注射成型时，ABS宜采用中、高速度注射，若加工薄壁或形状复杂的制件，则需采用较高的注射速度。

（2）原料准备　ABS的吸湿性和湿敏性都较大。在成型加工前，必须进行充分干燥和预热。干燥时，温度应控制在80～90℃，时间为2～4h，料层厚度为30～40mm。

3. 成型注意事项

（1）开机与停机　ABS注射加工时，除阻燃级ABS有严格要求外，其他类型的ABS对开机和停机无特殊要求。

（2）再生料的使用　ABS注射成型时，再生料的使用比例一般不超过新料的25%。超过5次的再生料原则上不宜再用。

（3）后处理　ABS制件注射成型后，一般无需后处理。当制件形状复杂，且质量要求较高时，可将制件放入温度为70～80℃的热风循环干燥箱内处理2～4h，然后缓慢冷却至室温，以减少或消除其内应力。

4. 塑料接线柱试模记录表（表4-11）

表4-11　塑料接线柱试模记录表

申请日期		组长		技工	
模具编号		模具名称	塑料接线柱注射模具	型腔数	1
材料	ABS	数量		试模次数	1
计划完成时间				实际完成时间	
试模内容	调整模具工艺参数				

（续）

申请日期		组长		技工	
机台号	3	机台吨位	80t	每模质量	
浇口单重/g		产品单重/g		周期时间/s	
冷却时间/s	10	射出时间/s	2.0	保压时间/S	2.1

温度/℃											
烘干		射嘴	210	一段	200	二段	190	三段	180	四段	170

射出				位料				合模				开模			
	压力	速度	位置		压力	速度	位置		压力	速度	位置		压力	速度	位置
一段	75	60	28	一段	70	60	15	一段				一段			
二段	75	50	22	二段	70	60	30	二段				二段			
三段				松退	30	20	+3	三段				三段			
四段				背压				四段				四段			

顶出方式：	□停留	□多次	操作方式：	□半自动 □全自动
冷却方式：	□冷却水	□常温水	□模温机：温度（ ℃）	

试模结果
保压：60 60 60 15 15 15 0.7 0.7 0.7

4.4 模具结构

塑料接线柱注射模具是属于侧分型塑料注射模具，一模成型一件，模具比较复杂，模具外形尺寸为250mm×250mm×313mm，适合中型注射机生产，塑件生产效率高，模具成本低。

4.4.1 塑料接线柱成型零部件设计

1. 塑料接线柱分型面的确定

模具分型面的正确选择是提高制件质量的基础。接线柱模具由多个零件共同成型。其中，制件顶部两个空心凸台的内表面由安装在型腔板内的上镶件成型，外表面及与之相接的方台由型腔板成型；方台四角的台阶孔由安装在型腔板内的小圆芯成型；方台之下的制件外表面由两个哈夫块共同成型；制件内部的锥孔由固定在动模板内的动模型芯成形型，如图4-23所示。接线柱模具的分型面共三处。其中，水平分型面1设置在制件中上方方台的底部；水平分型面2设置在制件底部；两哈夫块之间为模具垂直于开模方向的分型面。

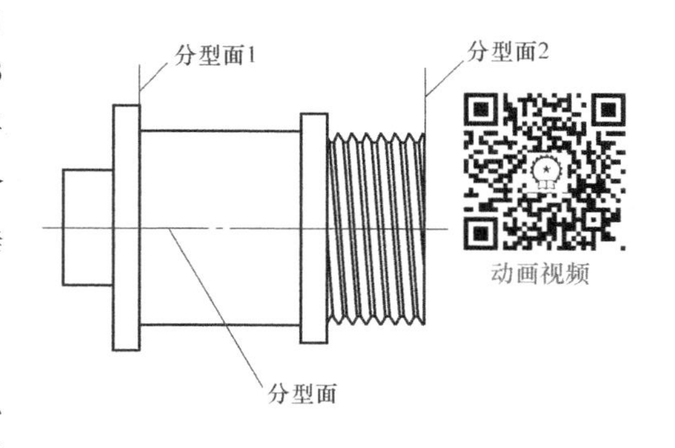

图4-23 接线柱分型面的选择

2. 型腔数量及排列方式的确定

模具型腔数量及排列方式是根据模具成本、模具制造技术及制件是否容易成型等多方面因素综合确定的。接线柱属于工业配件，在实际使用过程中损耗不大，模具整体投资也不高，所以初步考虑采用单型腔的模具结构，即为一模一腔，制件垂直于分型面成型。

3. 模具成型方案的确定

通过对制件进行结构分析可知：无论制件在模具中怎样摆放，均需采用侧面分型抽芯机构成型制件侧面的凹凸部分。接线柱的成型方案有两种，如图 4-24 和图 4-25 所示。

在图 4-24 所示方案中，接线柱垂直于分型面成型，制件侧面的凹凸采用哈夫抽芯机构。由于制件基本属于回转体，所以从其顶部进料对制件的成型是较为有利的。在顶出时，采用由顶板或顶管顶出制件底部端面的结构，这种结构具有受力均衡、顶出平稳等优点。

在图 4-25 所示方案中，接线柱平行于分型面成型，制件顶部和底面的凹凸部分分别采用两组斜导柱侧面分型抽芯机构成型。采用本方案时，由于进料和顶出都设置在制件侧面，所以受力相对稍差。

从模具结构及加工方面考虑，在方案一中，制件采用顶板或顶管从模具中顶出，具有模具结构简单、制件外观效果好等特点。在方案二中，需要采用顶杆从模具中顶出制件，会在制件外表面留下顶杆痕迹。虽然接线柱不属于日用品或外观零部件，对制件外表面的顶杆痕迹无特殊要求，但该顶杆的设置位置有可能与斜导柱侧面分型抽芯机构中的型芯产生干涉现象。此外，由于制件内部锥孔较深，所需侧抽芯距离较长，必须将斜导柱角度加大、长度加长，而这样做的后果是将导致该部分受力较差。

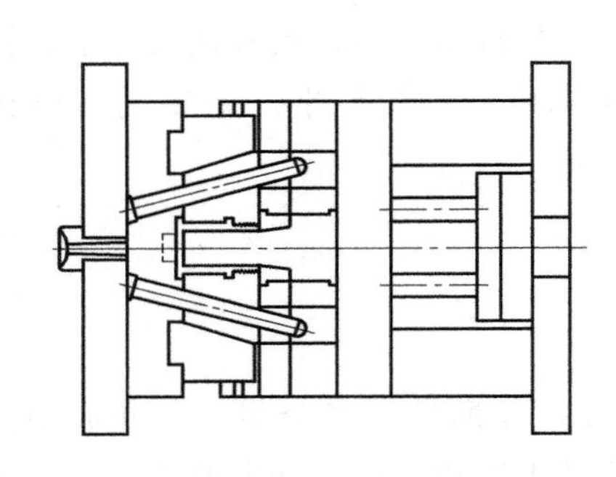

图 4-24　接线柱成型方案一

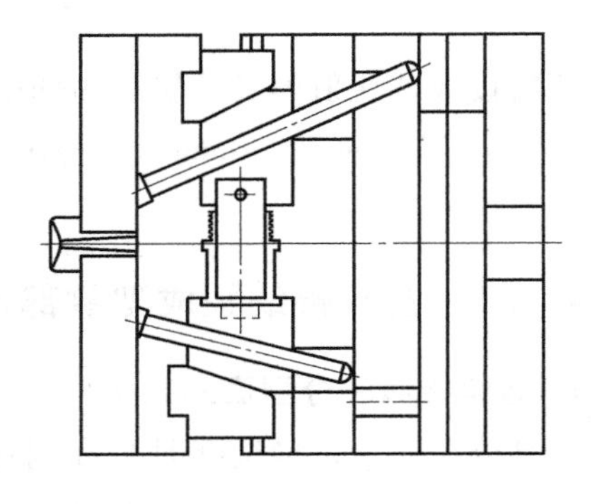

图 4-25　接线柱成型方案二

4.4.2　接线柱浇注系统设计

1. 主流道

接线柱模具的主流道采用标准主流道衬套。根据图 4-26 可知，为了躲避制件上方的空心凸台，接线柱模具的点浇口设置在制件顶面的一侧，虽然该位置不是制件的正中心，但对于制件的充模没有过多影响。

接线柱模具点浇口部分的具体尺寸如图 4-27 所示。其中，点浇口的小端直径为 1.2mm。

为了连接主流道及点浇口，需要在模具定模底板上设置分流道。接线柱模具的分流道采用热量损失较小、加工方便的梯形截面流道，具体尺寸如图 4-27 所示。所以，所选主流道

衬套的型号确定为 ϕ14mm × 30mm。

图 4-26 主流道位置

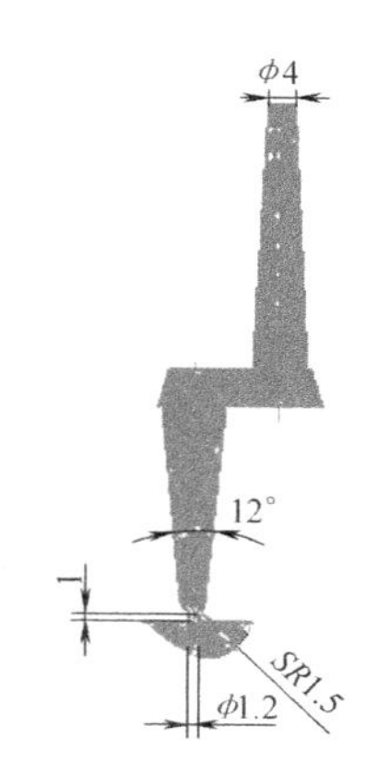

图 4-27 主流道尺寸

2. 分流道及浇口

图 4-28 所示为接线柱侧视图。由于制件上方两个空心凸台的间距过小，无法设置直接浇口，所以只能选择点浇口的进料方式。

点浇口截面形状小，去除后在制件表面留下的痕迹不明显，是 ABS 工业制件常用的进料形式。

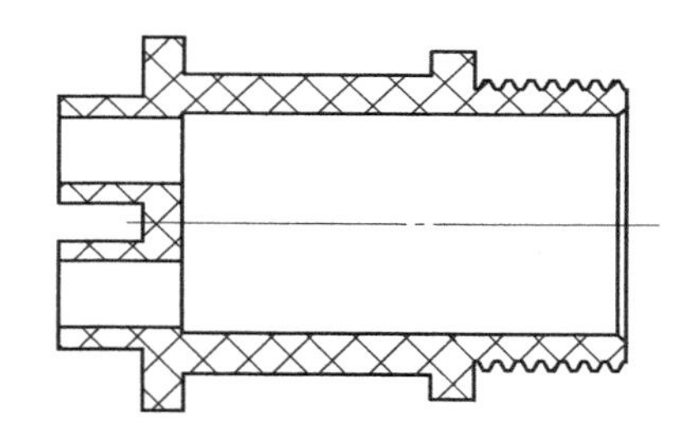
图 4-28 接线柱侧视图

为了脱出主流道及点浇口凝料，接线柱模具在水平方向设有两个分型面。开模时，固定在动模板内的胀套带动型腔板向动模方向移动。当型腔板端面与挡圈端面接触时，型腔板停止移动。制件顶出后，必须用浇口钳等工具将主流道及点浇口凝料从型腔板内取出。接线柱模具定模部分开模动作如图 4-29 所示。

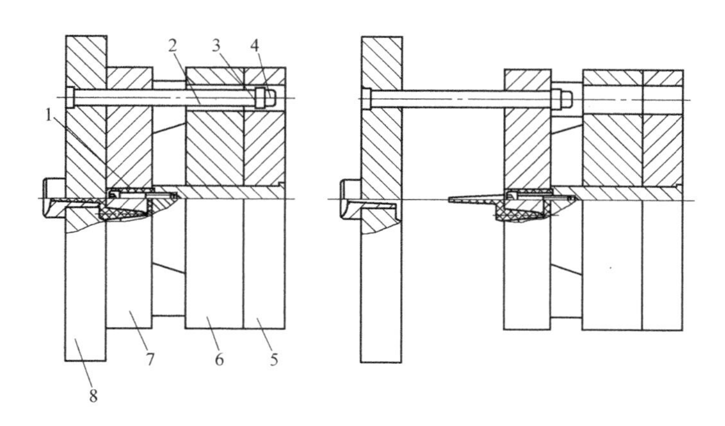

图 4-29 接线柱模具定模部分开模动作分解

1—胀套 2—拉杆导套 3—挡圈 4—螺钉 5—动模板
6—顶板 7—型腔板 8—定模底板

4.4.3 塑料接线柱顶出系统设计

1. 塑料接线柱顶出机构确定

按照模具结构的差异，注射模具顶出机构可分为顶杆顶出、顶板顶出、顶管顶出、双顶出和二级顶出等种类。

从制件结构分析，接线柱模具适合采用顶板顶出。顶板顶出机构不设专用的回程装置，模具顶出机构依靠合模力的作用复位。顶板顶出机构的特点是在制件底面顶出，脱模力大而均匀，运动平稳，无明显顶出痕迹。

接线柱模具的顶板采用了局部镶嵌的组合结构，如图4-30所示。在顶板与型芯接触部位，需要具有一定的硬度和粗糙度。为了不影响型芯孔的位置精度，在该结构中，型芯与安装在顶板内的顶套采用锥面配合，减小了二者间的摩擦机会，加工方便，使用效果好。

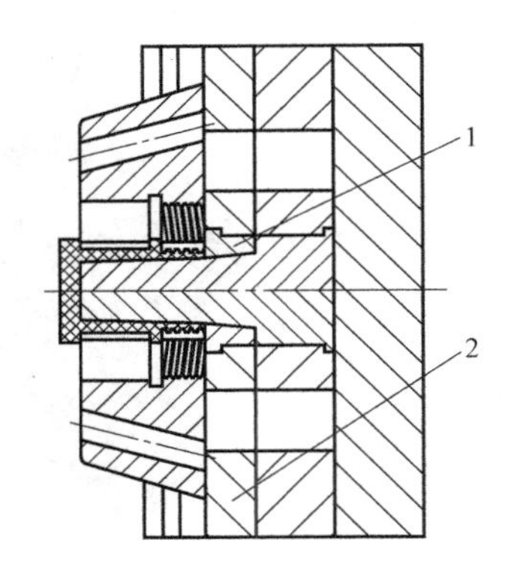

图4-30 接线柱顶出结构图
1—顶套 2—顶板

顶出工作过程如图4-31所示。在开模力的作用下，模具沿分型面分开，动模部分向后移动，顶出系统相对向前移动，带动顶出系统向前移动，顶杆顶动斜滑块（一对哈夫块）顺动模导滑槽的方向移动，同时向两侧分开，塑件脱离型芯，限位螺钉限制滑块移动距离并防止滑块脱出。

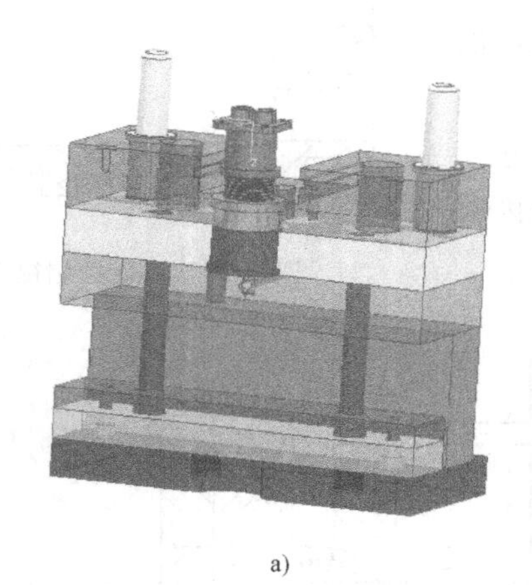
a)

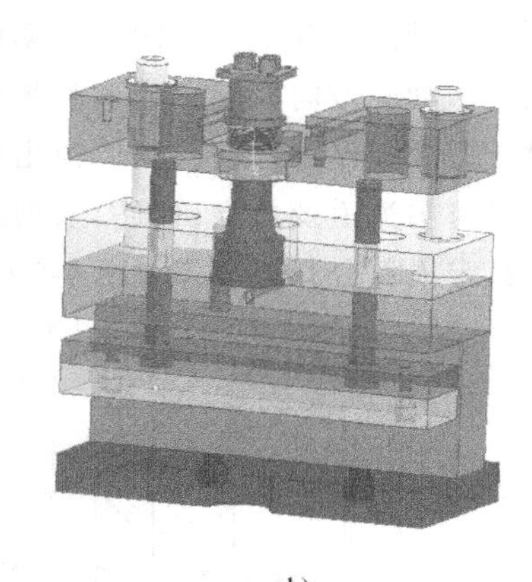
b)

图4-31 接线柱顶出结构三维图
a）顶出合模状态 b）顶出开模状态

2. 塑料接线柱顶板顶出基础知识

顶板顶出用于深腔、薄壁且不允许有顶出痕迹的塑件的顶出，其顶出主要的特点是：

作用于塑件边缘，顶出面积及顶出力大、无明显顶出痕迹、运动平稳、顶出力均匀，塑件不易变形，无需设顶出机构复位装置，合模时推件板靠合模力的作用带动顶出机构复位。

（1）顶板基本结构组成（图4-32）

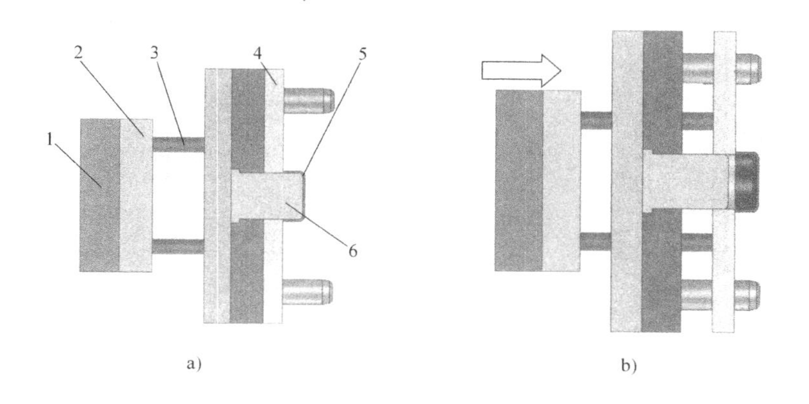

图 4-32 顶出板顶出动作图

a) 合模状态 b) 顶出状态

1—顶杆底板 2—顶杆固定板 3—顶杆 4—顶板 5—制件 6—型芯

(2) 顶板基本结构形式（图 4-33） 图 4-33d、e 的共同特点是省去了顶出机构，模具结构简单，缩短了模具闭合高度。

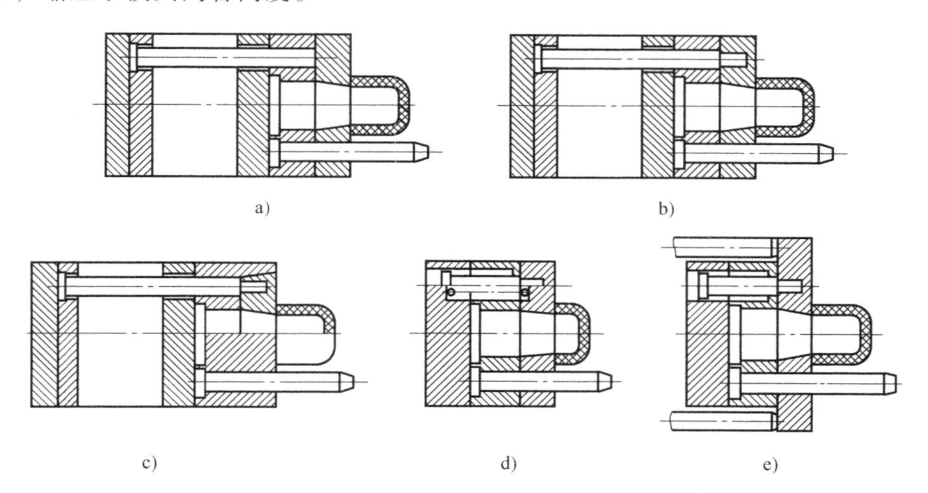

图 4-33 顶板顶出的常用结构形式

a) 推杆推动推件板 b) 推杆起定距杆作用 c) 推件板隐入动模板内

d) 弹簧弹力推出塑件 e) 靠注射机两侧的顶杆推动推件板

(3) 顶板顶出的设计要点

1) 推动顶板的推杆应合理分布，以使顶板受力平衡，平行移动。

2) 顶板与型芯间采用 H8/f8 的间隙配合。

3) 顶板的顶出距离不大于导柱的有效导向长度。

(4) 顶板与型芯的配合形式（图 4-34）

(5) 顶出形式与拉料装置（图 4-35） 顶板顶出，其拉料杆选用球形拉料杆，其工作过程如图 4-35 所示。

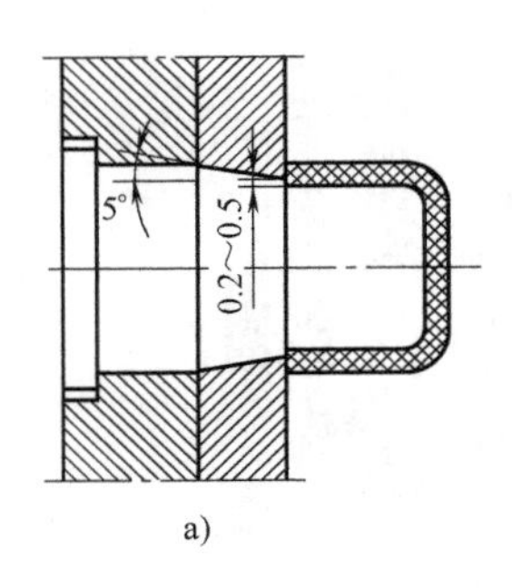

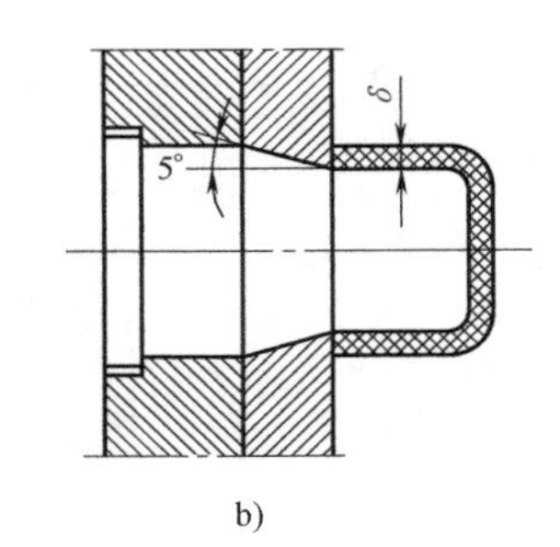

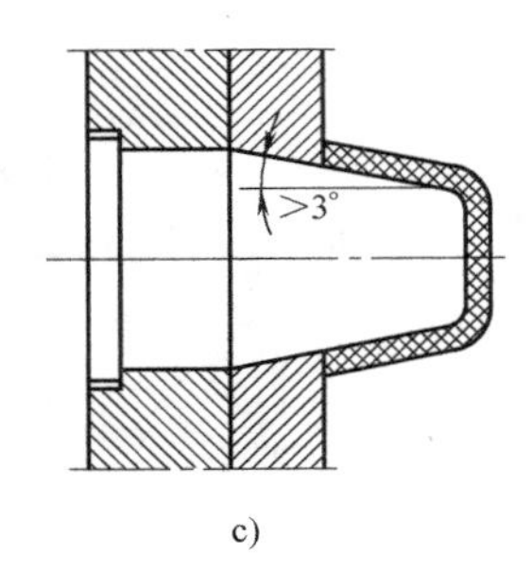

图 4-34　顶板与型芯的配合形式

a）为常用的配合形式　b）脱模斜度小，塑件壁厚较薄的高腔塑件

c）脱模斜度大于 3°时，型芯与推板斜度一致。

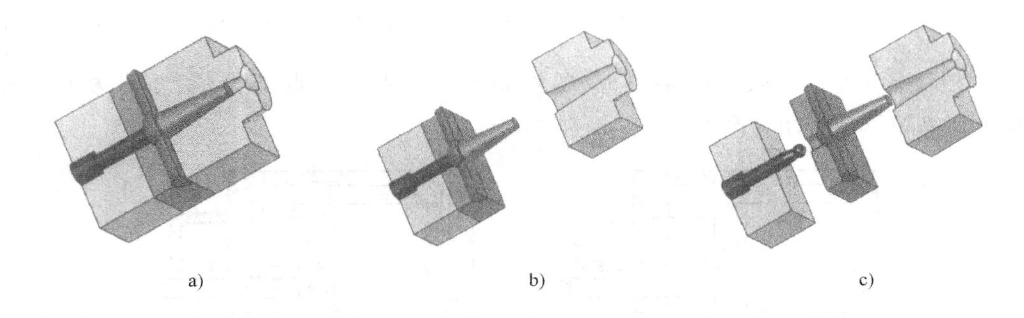

图 4-35　拉料结构形式

a）合模注塑　b）拉出凝料　c）推件板将凝料与制件同时顶出

结构特点：球头拉料杆固定在动模底板上，当塑料进入冷料穴后，塑料紧包拉料杆球头，开模时拉料杆将凝料从主流道中拉出，顶板强制将凝料从球头杆上脱出，并随顶板将制件和浇注系统凝料一起顶出后取出。

4.4.4　接线柱冷却系统的设计

1. 塑料接线柱模具冷却方式的确定

模具的良好冷却效果是制件质量和成型效率的重要保证。接线柱模具的定模部分采用直通水冷却，水道开设在型腔板，如图 4-36 所示。

模具动模部分共采用三种冷却方式。其中，哈夫块采用阶梯式水道冷却，如图 4-37 所示；型芯采用中心水槽与挡水板冷却，如图 4-38 所示；与制件相邻的顶板采用直通水冷却，如图 4-36 ~ 图 4-38 所示。

2. 塑料接线柱模具型芯冷却的基础知识

在注射、成型、固化时由于冷却收缩，塑件对型芯的包紧力大于型腔，因而型芯的温度对塑件冷却的影响比型腔大得多，故对型芯的冷却更重要，但其冷却受到一定限制，因为型

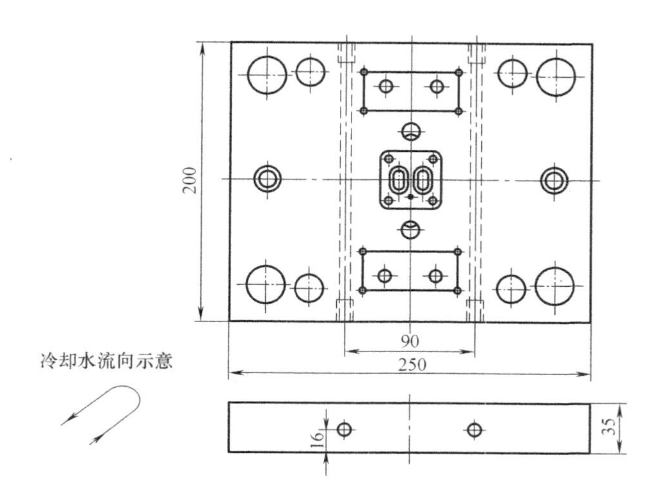

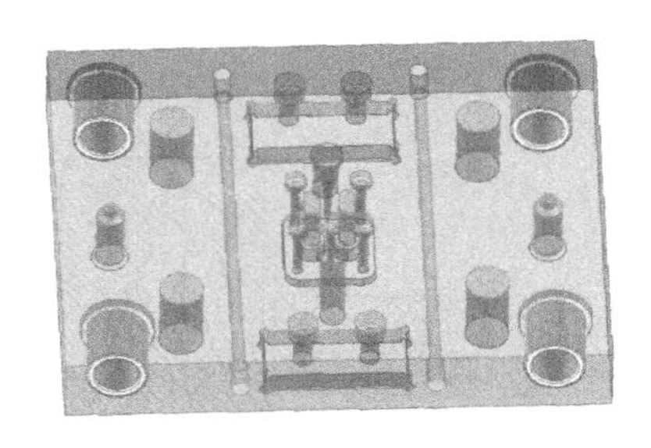

图 4-36 接线柱模具型腔板的冷却

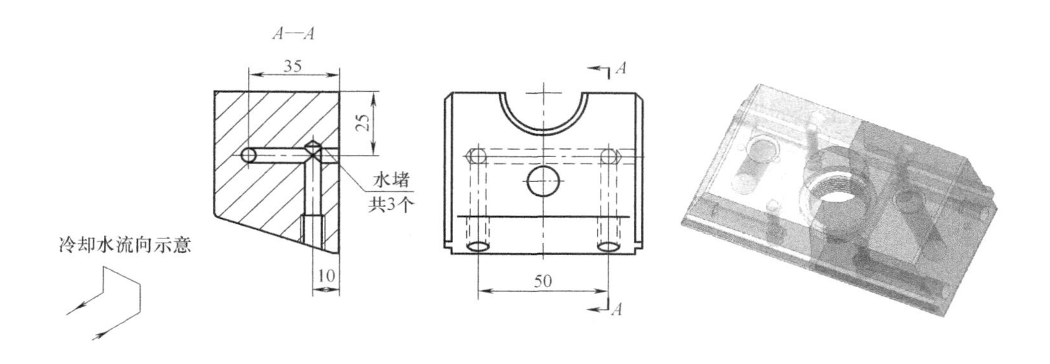

图 4-37 接线柱模具哈夫块的冷却

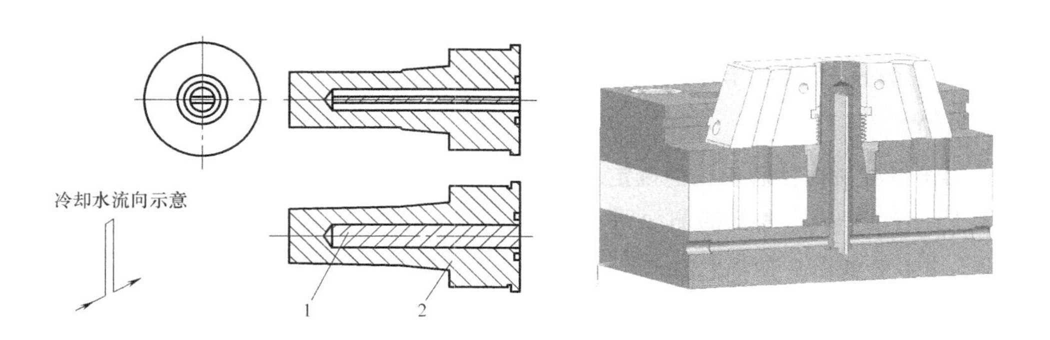

图 4-38 接线柱模具动模型芯的冷却

1—挡水板 2—动模型芯

芯总是设在动模一侧，故设计时需考虑冷却和顶出系统互不干扰其型芯冷却的基本形式主要由以下几种。

（1）型芯冷却的基本形式（如图4-39） 型芯冷却形式的特点：图4-39a结构简单但冷却效果不好；图4-39b适合小型模具中采用，横孔密封严格，并修平；图4-39c内部设置环形通道，通道深，为加强强度需要加支承垫块；图4-39d为导流板形式。

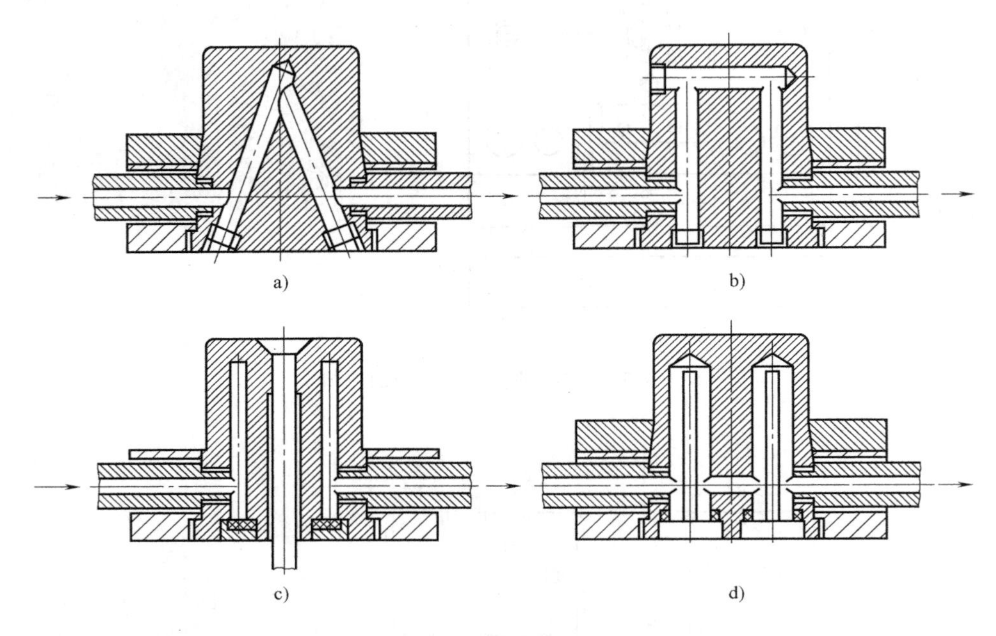

图4-39 常用型芯的冷却形式

（2）小型芯的冷却形式 图4-40a为从中心管道进水，形成井喷冷却型芯端部，侧面出水冷却边缘；图4-40b为采用隔板的形式，将型芯内孔分割成两部分，接线柱选用的结构形式。

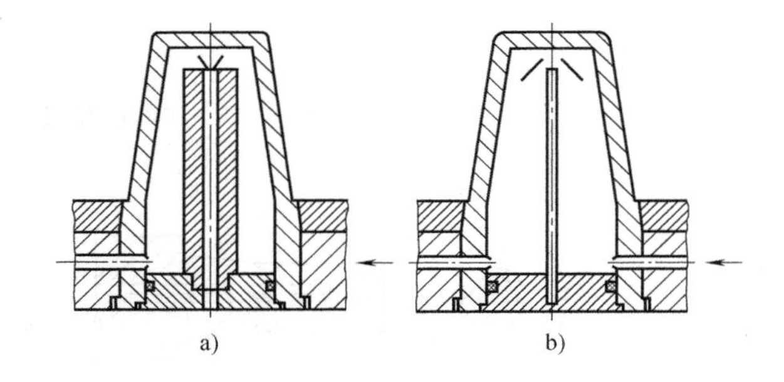

图4-40 小型芯的冷却形式

4.4.5 塑料接线柱模具侧向分型机构设计

1. 塑料接线柱侧向抽芯机构的确定

当制件具有难以直接脱模的侧面凹凸结构时，需设置侧面分型抽芯机构。若制件外表面的侧面凹凸相对于其轴线具有对称性，需采用由两个半边组成的滑块成型时，该滑块称为哈夫块。其中，“哈夫”是英文“half”的音译，取两半边之意。

（1）哈吠侧向抽芯的基本结构（见图4-41） 合模时，哈夫块的端面与定模分型面接触，将哈夫块装入动模模套内，直至动模与定模完全闭合。开模时，顶出机构顶出哈夫块，哈夫块在斜导槽作用下向前运动，同时向两侧运动，完成制件的顶出过程。

（2）哈夫侧向抽芯的特点 结构紧凑，定位准确、模具刚度强度好，适用于成型面积

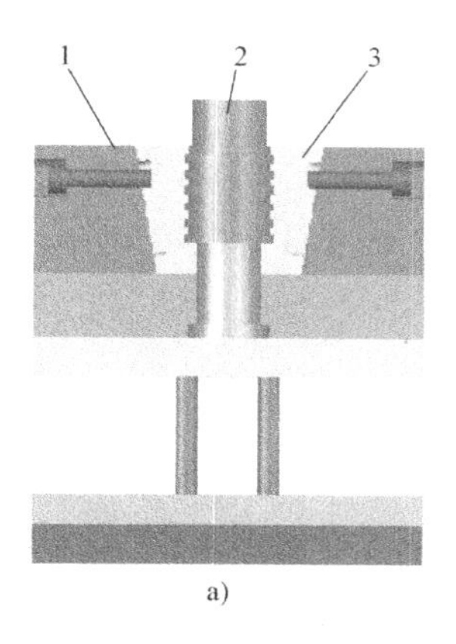

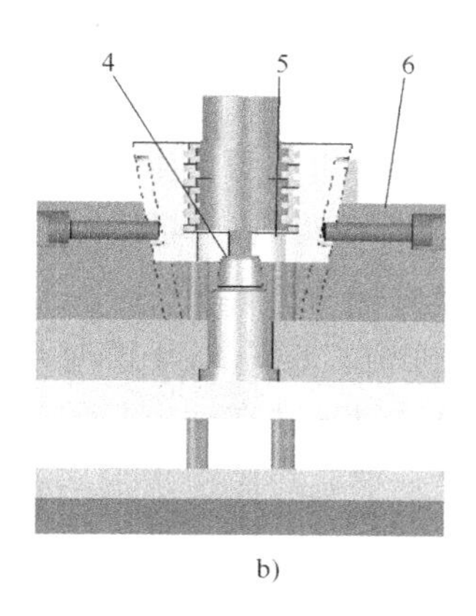

图 4-41　哈夫侧向抽芯的基本结构

a）合模状态　b）开模状态

1—限位螺钉　2—塑件　3—哈夫　4—型芯　5—顶杆　6—模套

较大、侧孔或侧凹较浅的塑件。

（3）哈夫机构抽芯距离的计算方法　哈夫抽芯机构抽芯完成后，型芯应完全脱离制件。如图 4-42 所示，若哈夫块的成型部分为直槽，则只需从制件中抽出型芯上的凸台即可顺利脱模。此时，哈夫机构抽芯距离的计算公式为

$$S_{抽} = h + (3 \sim 5)\ \text{mm}$$

式中　$S_{抽}$——抽芯距，单位为 mm；

h——型芯成型部分的凸台高度，单位为 mm。

如图 4-43 所示，若哈夫块的成型部分为圆槽，则哈夫机构抽芯距离的计算公式为

$$S_{抽} = S_1 + (3 \sim 5)\text{mm}$$

根据勾股定理，式中　$S_1 = \sqrt{R^2 - r^2}$，则 $S_{抽} = \sqrt{R^2 - r^2} + (3 \sim 5)\text{mm}$。

式中　R——制件外形最大半径，单位为 mm；

r——制件圆槽底部半径，单位为 mm。

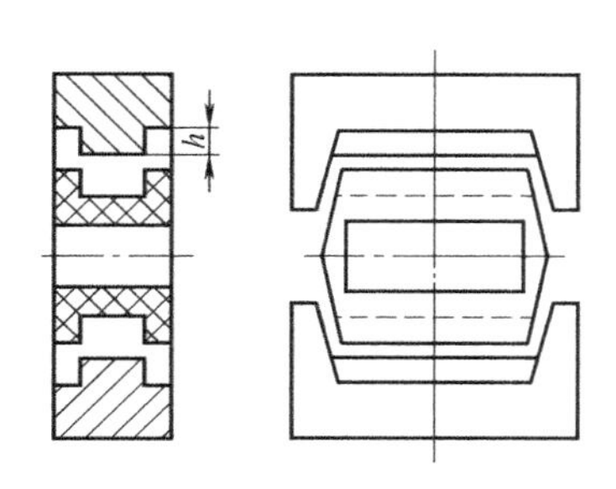

图 4-42　哈夫块抽芯距离的计算（直槽）

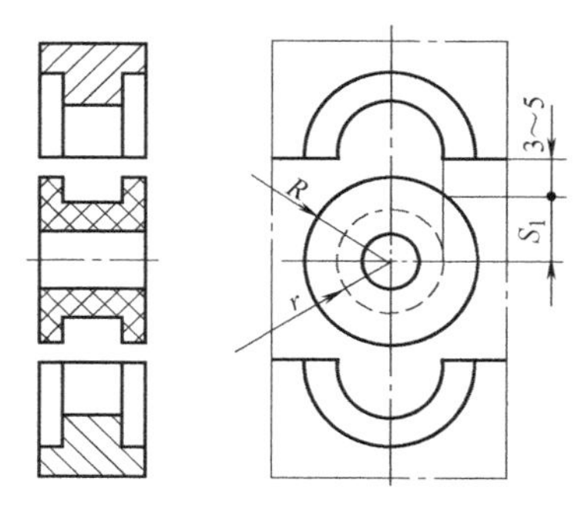

图 4-43　哈夫块抽芯距离的计算（圆槽）

2. 塑料接线柱侧向抽芯基础知识

当制件具有内、外侧凹凸时，难以直接从模具中脱出。此时，必须将成形侧面凹凸的零

件做成活动的，这种零件称为侧型芯。在制件脱模前，必须抽出侧型芯，然后从模具中顶出制件。完成侧型芯抽出和复位的机构称为侧面分型抽芯机构。

（1）侧向抽芯机构的组成与工作原理

1）斜导柱抽芯机构的组成：斜导柱抽芯机构主要由斜导柱、滑块、型芯、锁紧块及限位装置等组成，如图 4-44 所示。

2）斜导柱抽芯机构工作原理开模时，滑块在开模力的作用下，通过斜导柱在动模板的导滑槽内向上移动；当斜导柱全部脱离斜滑块的斜孔后，活动型芯从制件中脱出；然后，制件被顶出机构顶出（图 4-45）。

在该机构中，弹簧、限位块和螺栓的作用是使滑块保持抽芯后的最终位置，以保证合模时斜导柱能够准确地进入滑块的斜孔中，使斜滑块和活动型芯复位。锁紧块的作用是防止斜滑块受到型腔压力作用而产生位移。

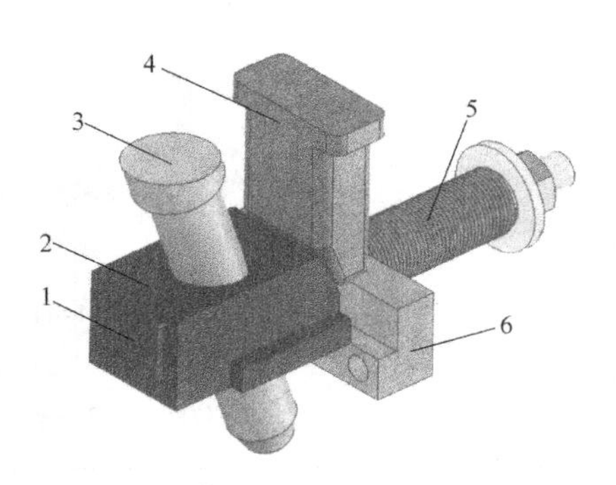

图 4-44　斜导柱抽芯机构结构组成

1—成型面　2—滑块　3—斜导柱

4—锁紧块　5—弹簧　6—挡块

（2）斜导柱抽芯机构零部件的设计

1）斜导柱设计。

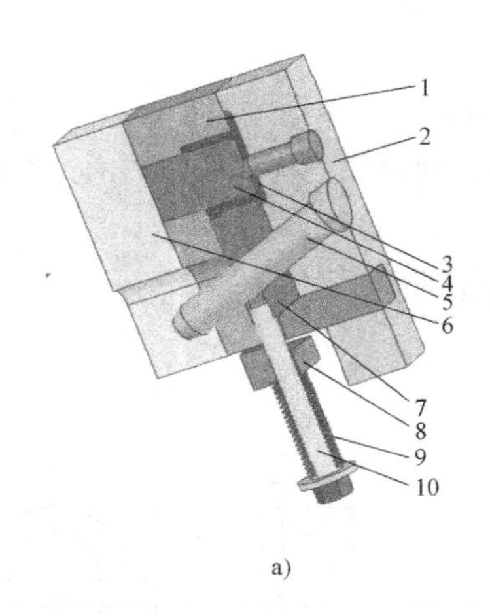

a)

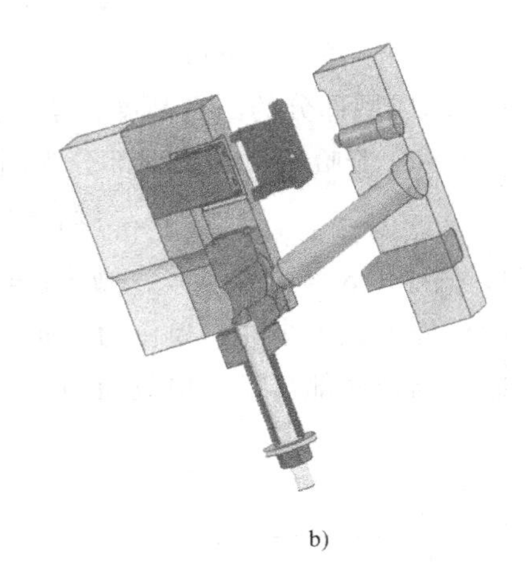

b)

图 4-45　斜导柱工作过程示意图

a）模状态　b）开模状态

1—型腔板　2—定模板　3—制件　4—活动型芯　5—斜导柱

6—动模板　7—滑块　8—挡块　9—弹簧　10—限位螺钉

① 斜导柱的形式。最常用的斜导柱截面形状为圆形。圆形截面加工方便、装配容易、应用较广，如图 4-46 所示。图 4-46a 为了减少斜导柱与滑块斜孔之间的摩擦，可将圆导柱的两侧铣成平面，铣去后两平面间的距离约为直径的 0.8 倍，在图 4-46b 结构中，斜导柱的配合直径大于工作段直径；在图 4-46c 中，斜导柱的配合段直径等于工作段直径，滑块与模

板上的固定孔可一次加工完成。

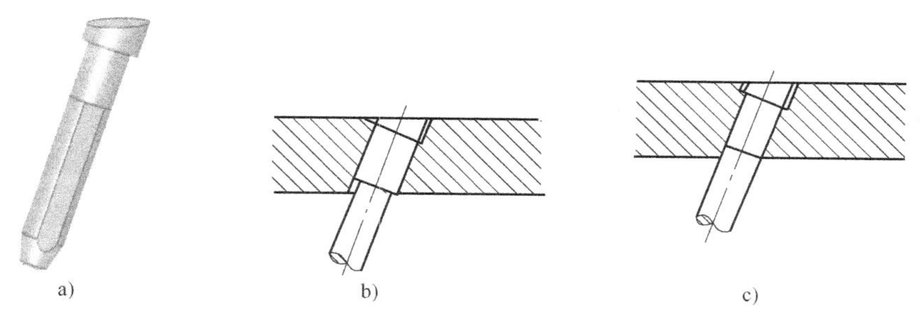

图 4-46 常用斜导柱形状及固定端形式（一）

图 4-47a、b 结构固定段的台阶头部为 120°圆锥，属于通用件，适用于斜导柱倾斜角为 10°～25°场合的斜导柱。在图 4-47c 结构中，斜导柱固定端的台阶部分安装了弹簧圈，适用于抽芯力较小的场合。

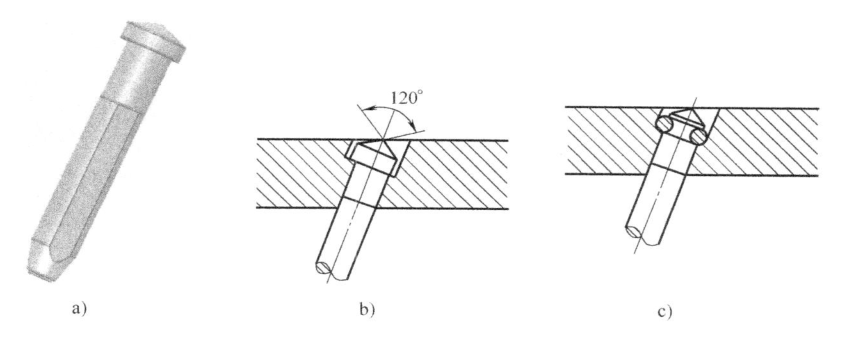

图 4-47 常用斜导柱形状及固定端形式（二）

② 斜导柱的固定尺寸与配合精度。斜导柱固定端各部分的尺寸与配合精度见表 4-12。

表 4-12 斜导柱的固定尺寸及配合精度

图例	配合部分	尺寸精度
	固定端配合长度 l	不小于斜导柱直径的 1.5 倍
	固定端直径 D	$D=d+(4\sim8)$mm
	固定端高度 h	$h\geqslant3$mm
	斜导柱与固定孔配合直径 d	H7/s6
	斜导柱与滑块孔配合直径 d_1	选用 H11/h11

③ 斜导柱倾斜角 α 的确定。斜导柱倾斜角的选择与抽芯力大小、抽芯行程长短、斜导柱承受弯曲应力的大小及开模阻力有关。一般情况下，斜导柱的倾斜角度可按表 4-13 选取。

④ 斜导柱长度的确定。斜导柱长度的计算是根据抽芯距离 $S_{抽}$、固定端模板厚度 H、斜导柱直径 d 以及所采用的倾斜角度 α 的大小确定的，如图 4-48 所示。

表 4-13 斜导柱倾斜角度的选取

α	特点
10°	α值小，开模力小，抽芯力大，抽芯所产生的开模阻力为抽芯力的 17% ~26%。抽芯力作用在斜导柱上的弯曲力小，能够抽出需要抽芯力较大的型芯，多用于抽短型芯的场合
15°	
18°	α值适中，抽芯时的开模阻力为抽芯力的 30% ~35%，斜导柱承受的弯曲力接近于抽芯力的 1.05 倍，抽芯所需的开模距离为抽芯行程的 3 倍
20°	
22°	α值较大，所需开模力较大，抽芯力小，抽芯时产生的开模阻力为抽芯力的 40% ~45%。抽芯力作用在斜导柱上的弯曲力为抽芯力的 1.1 倍，抽芯所需的开模距离约为抽芯行程的 2.5 倍，斜导柱受力状况较差，多用于抽较长的型芯
25°	

斜导柱总长度 L 的计算公式为

$$L = L_1 + L_2 + L_3 = 0.5(D-d)\tan\alpha + H/\cos\alpha + d\tan\alpha + S_{抽}/\sin\alpha + (5\sim10)\text{mm}$$

式中 L_1——斜导柱固定端尺寸，单位为 mm；

L_2——斜导柱工作段尺寸，单位为 mm；

L_3——斜导柱工作引导端的尺寸，单位为 mm；

$S_{抽}$——抽芯距离，单位为 mm；

H——斜导柱固定板厚度，单位为 mm；

d——斜导柱工作段直径，单位为 mm；

D——斜导柱固定端台阶直径，单位为 mm；

α——斜导柱的倾斜角，单位为度。

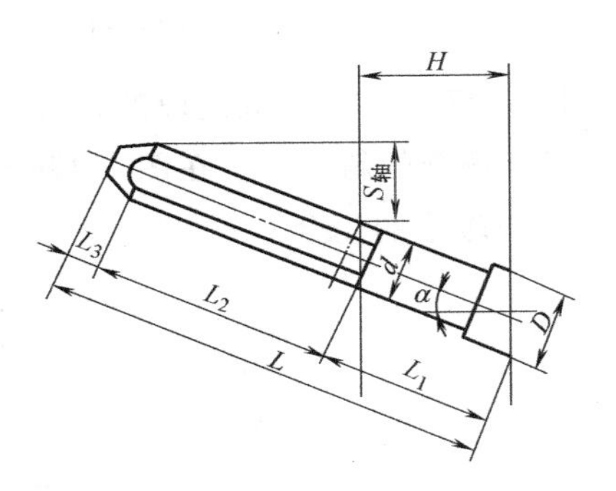

图 4-48 斜导柱长度的计算

2）滑块设计。

① 滑块的基本形式。常用滑块的基本形式如图 4-49 所示。其中，图 4-49a 整体形式的滑块靠底部的倒 T 形部分导滑，多用于较薄的滑块。图 4-49b 组合式形式的滑块，靠底部的倒 T 形部分导滑，适用于结构复杂的场合。

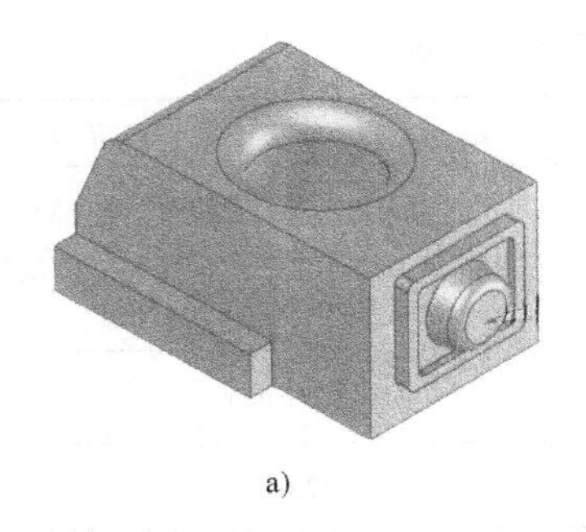

a)

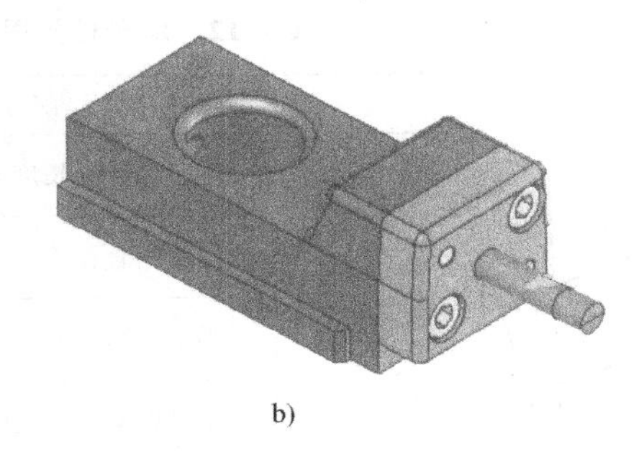

b)

图 4-49 滑块的结构形式

② 滑块的主要尺寸。如图 4-50 所示，滑块尺寸 B、C 是根据活动型芯外径最大尺寸、抽芯动作元件的相关尺寸以及斜导柱的受力情况等因素设计确定的；尺寸 B_1 是活动型芯中心到滑块底面的距离。在选取滑块导滑部分的厚度尺寸 B_2 时，应充分考虑套板厚度及滑块高度，通常可取 4 ~10mm；导滑部分宽度 B_3 主要承受抽芯中的开模阻力，通常 2 ~6mm。

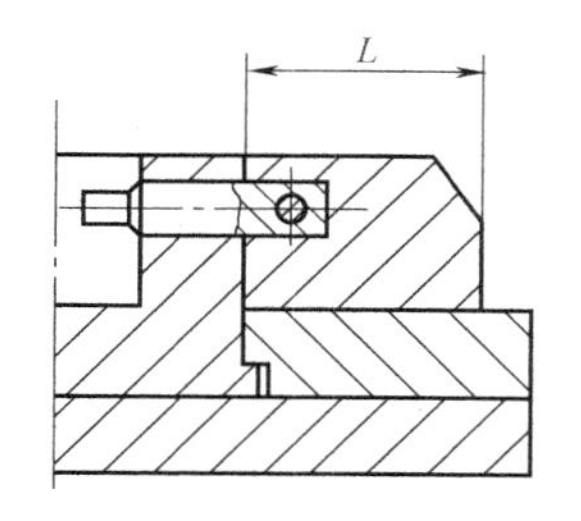

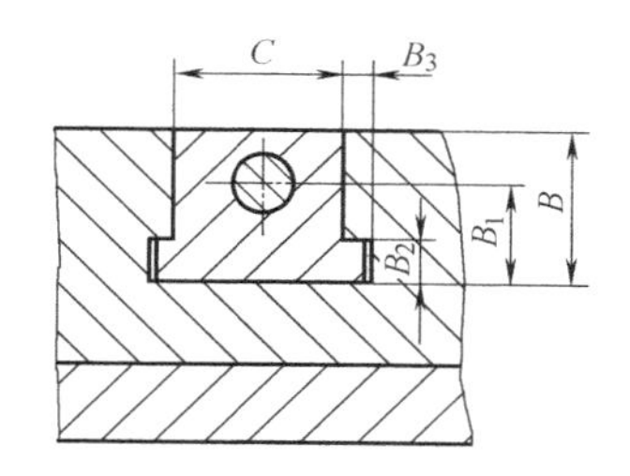

图 4-50　滑块的主要尺寸

③ 滑块导滑部分结构设计。为保证滑块顺利地完成抽出和复位，滑块与导滑槽必须配合、导滑良好。在图 4-51 中，图 4-51a 为整体式，其特点是结构紧凑、强度高、稳定性好，但加工和修整较为困难，多用于较小的滑块；图 4-51b 为滑块与导滑件组合的形式，加工、修整方便，多用于中型滑块。

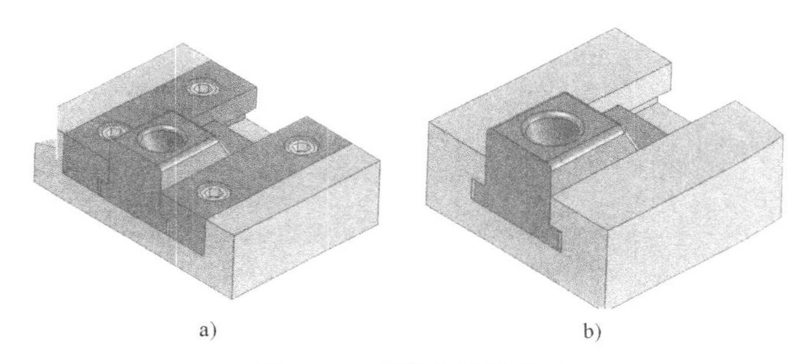

图 4-51　滑块的导滑形式

为确保滑块在导滑槽内的平稳运动，其滑动部分必须具有足够的长度。滑块完成抽芯动作后，留在导滑槽内的长度不应少于滑块长度的 2/3。为减小滑块与导滑槽之间的磨损，二者必须有足够的硬度。

④ 滑块定位装置的设计。开模后，滑块必须停留在刚刚脱离斜导柱的位置上，不得发生位移。为保证滑块的正确位置，必须为其设计定位装置。

常用的滑块定位装置如图 4-52 所示。其中，图 4-52a、b 结构广泛应用于滑块向上抽芯且抽芯距较短的场合。由于弹簧力大于滑块的重力，滑块在向上抽出后，紧紧贴住限位块的下表面。图 4-52c、d 为弹簧销或钢珠限位形式，结构简单、不易磨损，多用于水平抽芯场合。其中，图 4-52d 形式可用于模板较薄，但滑块较高的场合。

3）锁紧装置设计。在注射过程中，型腔内的树脂作用在侧型芯上的压力很大。为保证滑块的精确定位，必须设计滑块的锁紧装置（图 4-53）。

常用的滑块锁紧装置如图 4-53 所示。其中，图 4-53a、b 形式适用于压力较小的场合。在设计时，应尽量使紧固螺钉靠近受力点，并用销钉定位。该结构制造简单、便于调整，但锁紧刚性差、螺钉易松动。结构中，锁紧块的端部由动模板外侧的镶接块辅助锁紧，增加了刚度。在图 4-53c、d 中，锁紧块固定在定模板内，强度和刚性较好，用于压力较大的场合。

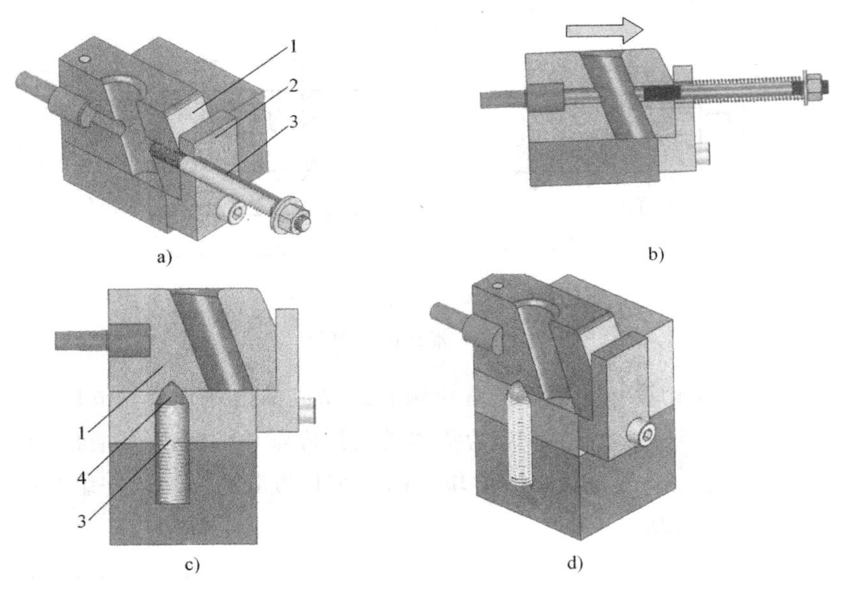

图 4-52　滑块的定位装置

1—滑块　2—挡块　3—弹簧　4—钢球

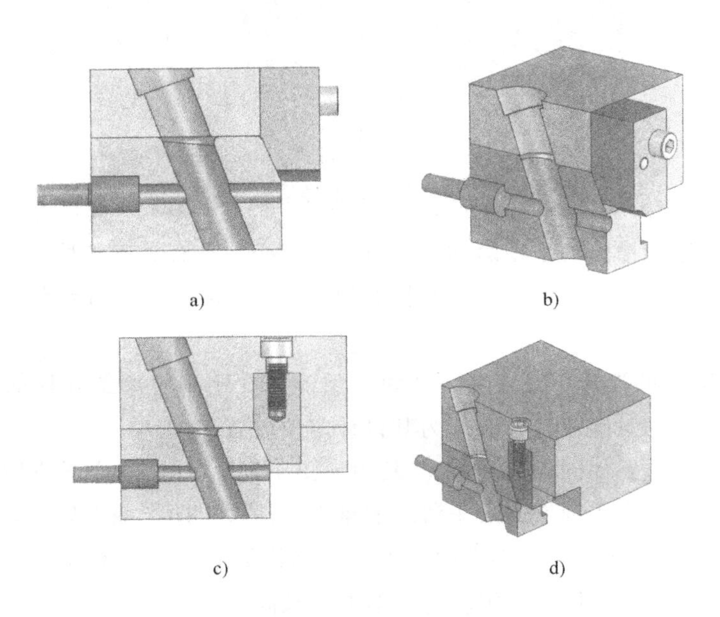

图 4-53　滑块的锁紧装置

为了保证斜导柱的正常工作，锁紧块的斜角应比斜导柱的倾斜角大 2°～5°，如图 4-54 所示。

4）滑块与型芯的连接在模具制造过程中，广泛采用组合式滑块，即将侧型芯制成单独零件，并将其固定在滑块上，如图 4-55 所示。

固定截面形状为圆形的侧型芯时，往往需要采用销钉将型芯紧固在滑块体上。若型芯较

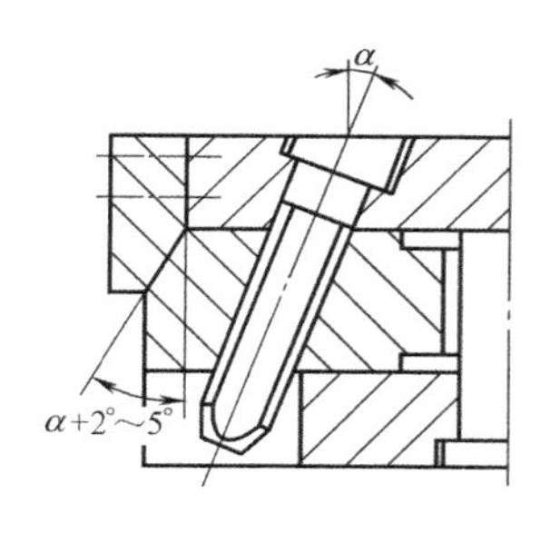

图 4-54　锁紧块的角度

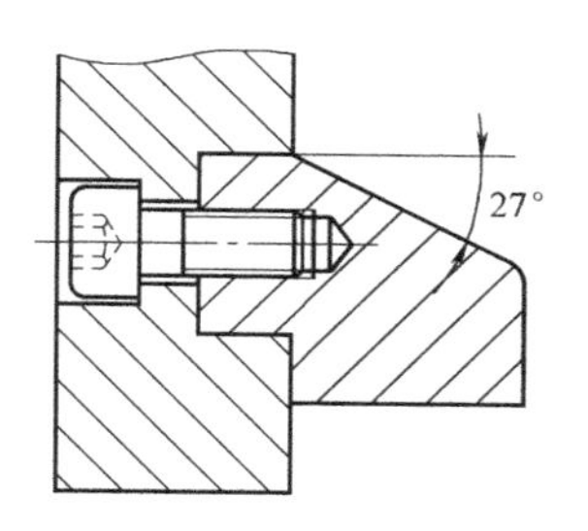

图 4-55　拨杆模具锁紧块

细，可将其尾部适当加大，如图 4-56a 所示。若圆型芯直径较小时，可用紧钉螺钉将型芯顶紧，如图 4-56b 所示。较大的扁型芯可采用燕尾槽连接的形式固定，如图 4-56c 所示。当型芯为薄片时，可采用通槽加销钉的形式固定型芯，如图 4-56d 所示。当有多个圆型芯需要固定时，可把型芯镶入固定板，然后用螺钉、销钉将固定板与滑块固定在一起，如图 4-56e 所示。

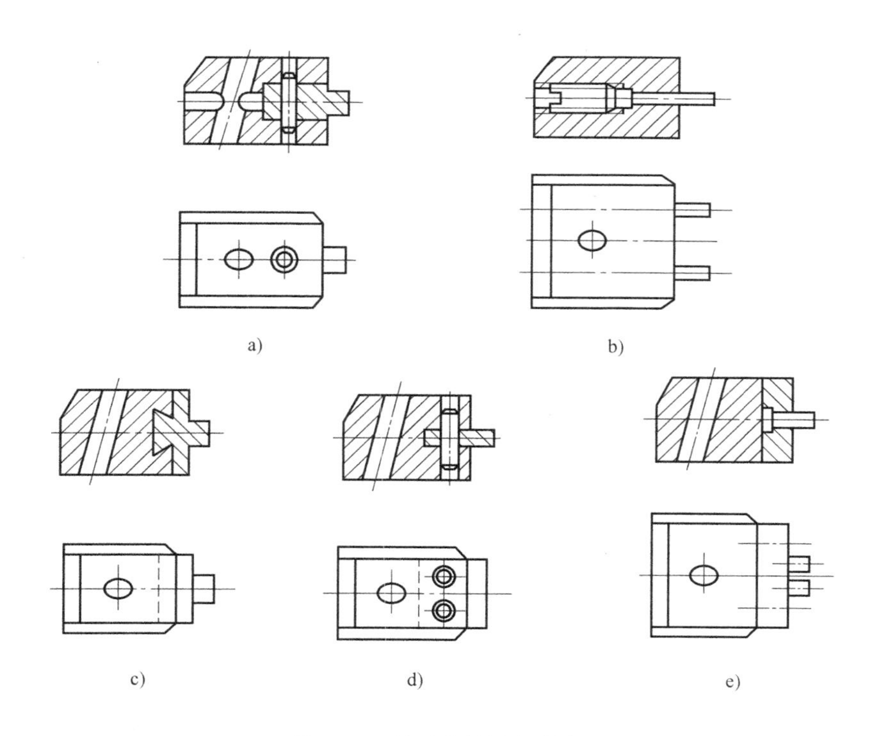

图 4-56　侧型芯的固定形式

4.5　练一练

1. 填空题

1）______是维持滑块运动方向的支承零件。

2）斜导柱在工作过程中主要用来驱动滑块作____运动。

3）斜导柱侧抽机构主要由斜导柱、__________、导滑槽、楔紧块和__________组成。

4）楔紧块的作用是承受熔融塑料给予__________的推力。

5）____是斜导柱侧抽芯机构中的一个重要零部件，其结构形状可分为____和____。

6）锁紧角应该比斜导柱的倾斜角____一些。

2. 选择题

1）斜导柱的倾角 α 与楔紧块的楔紧角 α' 的关系是（　　）。

A. $\alpha > \alpha' + (2° \sim 3°)$　　B. $\alpha = \alpha' + (2° \sim 3°)$

C. $\alpha < \alpha' + (2° \sim 3°)$　　D. $\alpha = \alpha'$

2）斜导柱侧抽芯机构包括（　　）。

A. 导柱、滑块、导滑槽、楔紧块、滑块的定位装置

B. 导套、滑块、导滑槽、楔紧块、滑块的定位装置

C. 推杆、滑块、导滑槽、楔紧块、滑块的定位装置

D. 滑块、导滑槽、楔紧块、滑块的定位装置、斜导柱

3）将（　　）从成型位置抽至不妨碍塑件的脱模位置所移动的距离称为抽芯距。

A. 主型芯　　B. 侧型芯　　C. 滑块　　D. 推杆

4）滑块的定位装置包括几种形式？（　　）

A. 2 种　　B. 3 种　　C. 4 种　　D. 6 种

5）斜导柱侧抽芯注射模中楔紧块的作用是什么？（　　）

A. 承受侧压力　　B. 模具闭合后锁住滑块

C. 定位作用　　D. A 或 B 正确

3. 问答题

1）简述斜导柱侧分型抽芯机构的组成。

2）如何确定斜导柱侧分型与抽芯机构的抽芯距？

3）如何确定楔紧块上锁紧角的大小？

4）简述滑块定位装置的应用。

5）哈夫侧抽芯机构与斜导柱抽芯机构在结构上有何区别？

答　　案

1. 填空题

1）导滑槽是维持滑块运动方向的支承零件。

2）斜导柱在工作过程中主要用来驱动滑块作往复运动。

3）斜导柱侧抽机构主要由斜导柱、侧型芯滑块、导滑槽、楔紧块和定距限位装置组成。

4）楔紧块的作用是承受熔融塑料给予侧向成型零件的推力。

5）滑块是斜导柱侧抽芯机构中的一个重要零部件，其结构形状可分为整体式和组合式。

6）锁紧角应该比斜导柱的倾斜角大一些。

2. 选择题

1）斜导柱的倾角 α 与楔紧块的楔紧角 α' 的关系是（B）。

A. $\alpha > \alpha' + (2° \sim 3°)$

B. $\alpha = \alpha' + (2° \sim 3°)$

C. $\alpha < \alpha' + (2° \sim 3°)$

D. $\alpha = \alpha'$

2）斜导柱侧抽芯机构包括（D）。

A. 导柱、滑块、导滑槽、楔紧块、滑块的定位装置

B. 导套、滑块、导滑槽、楔紧块、滑块的定位装置

C. 推杆、滑块、导滑槽、楔紧块、滑块的定位装置

D. 滑块、导滑糟、楔紧块、滑块的定位装置、斜导柱

3）将（B）从成型位置抽至不妨碍塑件的脱模位置所移动的距离称为抽芯距。

A. 主型芯　　B. 侧型芯　　C. 滑块　　D. 推杆

4）滑块的定位装置包括几种形式？（A）

A. 2 种　　B. 3 种　　C. 4 种　　D. 6 种

5）斜导柱侧抽芯注射模中楔紧块的作用是什么？（D）

A. 承受侧压力　　B. 模具闭合后锁住滑块

C. 定位作用　　D. A 或 B 正确

3. 问答题

1）简述斜导柱侧分型与抽芯机构的组成。

答：斜导柱侧分型与抽芯机构主要由斜导柱、侧型芯滑块、导滑槽、楔紧块和型芯滑块定距限位装置等组成。

2）如何确定斜导柱侧分型与抽芯机构的抽芯距？

答：将侧型芯从成型位置抽至不妨碍塑件脱模的推出位置所移动的距离称为抽芯距。为了安全起见，通常侧向抽芯距离比塑件上的侧孔、侧凹的深度或侧向凸台的高度高 2 ~ 3mm。但有时需要考虑实际情况。

3）如何确定楔紧块上锁紧角的大小？

答：锁紧角 α 一般比斜导柱倾斜角 α'大一些，滑块移动方向垂直于合模方向，$\alpha' = \alpha + (2° \sim 3°)$；当滑块向动模一侧倾斜 β 度时，$\alpha' = \alpha_1 - \beta + (2° \sim 3°)$；当滑块向定模一侧倾斜确度时，$\alpha' = \alpha_2 + \beta + (2° \sim 3°)$

4）简述滑块定位装置的应用。

答：滑块定位装置在开模过程中用来保证滑块停留在刚刚脱离斜导柱的位置，不再发生任移动，以避免和模时斜导柱不能准确地插近滑块的斜导孔内，造成模具损坏。

5）哈夫侧抽芯机构与斜导柱抽芯机构在结构上有何区别？

答：哈夫侧抽芯机构与斜导柱抽芯机构在原理上相似，所不同的是结构上侧向滑块哈夫是一对。

参考文献

[1] 杨立平. 模具技术基础 [M]. 北京: 化学工业出版社, 2005.

[2] 张景黎. 模具加工与装配 [M]. 北京: 化学工业出版社, 2007.

[3] 付宏生, 刘国良. 塑料成型工艺与设备 [M]. 北京: 机械工业出版社, 2009.

[4] 柳燕君, 秦涵. 型腔模具设计与制造 [M]. 北京: 高等教育出版社, 2007.

[5] 付宏生, 张小亮. 塑料成型模具设计 [M]. 北京: 化学工业出版社, 2009.

[6] 黄锐. 塑料工程手册 [M]. 北京: 机械工业出版社, 2000.